Ejecución de
fábricas para revestir

Vicente García Segura

Ejecución defábricas para revestir
© Vicente García Segura

1ª Edición

© IC Editorial, 2025

Editado por: IC Editorial
c/ Cueva de Viera, 2, Local 3
Centro Negocios CADI
29200 Antequera (Málaga)
Teléfono: 952 70 60 04
Fax: 952 84 55 03
Correo electrónico: iceditorial@iceditorial.com
Internet: www.iceditorial.com

ISBN: 978-84-1184-942-5
Depósito Legal: MA 1137-2025

Impresión: PODiPrint
Impreso en Andalucía – España

Nota de la editorial: IC Editorial pertenece a Innovación y Cualificación S. L.

Presentación del manual

El **Certificado de Profesionalidad** es el instrumento de acreditación, en el ámbito de la Administración laboral, de las cualificaciones profesionales del Catálogo Nacional de Cualificaciones Profesionales adquiridas a través de procesos formativos o del proceso de reconocimiento de la experiencia laboral y de vías no formales de formación.

El elemento mínimo acreditable es la **Unidad de Competencia.** La suma de las acreditaciones de las unidades de competencia conforma la acreditación de la competencia general.

Una **Unidad de Competencia** se define como una agrupación de tareas productivas específica que realiza el profesional. Las diferentes unidades de competencia de un certificado de profesionalidad conforman la **Competencia General,** definiendo el conjunto de conocimientos y capacidades que permiten el ejercicio de una actividad profesional determinada.

Cada **Unidad de Competencia** lleva asociado un **Módulo Formativo,** donde se describe la formación necesaria para adquirir esa **Unidad de Competencia,** pudiendo dividirse en **Unidades Formativas.**

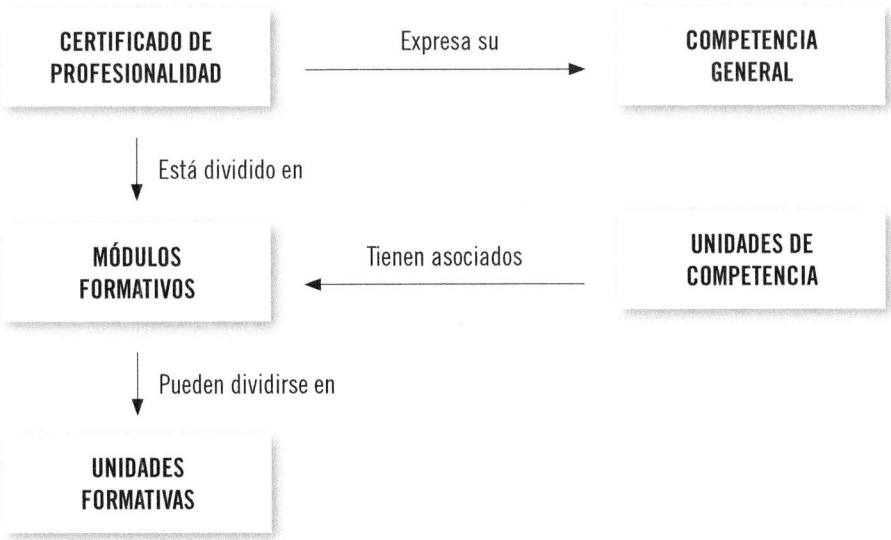

El presente manual desarrolla la Unidad Formativa **UF0302: Proceso y preparación de equipos y medios en trabajos de albañilería,**

perteneciente al Módulo Formativo **MF0142_1: Obras de fábrica para revestir,**

asociado a la unidad de competencia **UC0142_1: Construir fábricas para revestir,**

del Certificado de Profesionalidad **Operaciones auxiliares de albañilería de fábricas y cubiertas.**

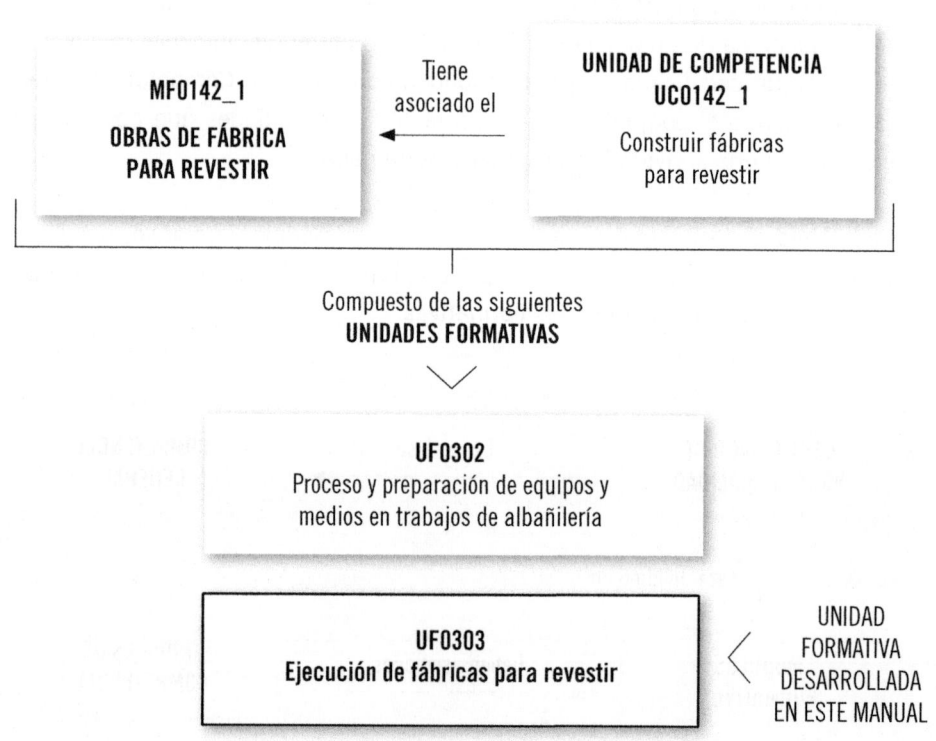

FICHA DE CERTIFICADO DE PROFESIONALIDAD

(EOCB0208) OPERACIONES AUXILIARES DE ALBAÑILERÍA DE FÁBRICAS Y CUBIERTAS (R. D. 644/2011, de 9 de mayo)

COMPETENCIA GENERAL: Levantar muros y particiones de ladrillo y bloque para revestir, construir y colocar elementos del soporte de cobertura en obras de cubiertas, y realizar labores auxiliares en tajos de obra, siguiendo las instrucciones técnicas recibidas y las prescripciones establecidas en materia de seguridad y salud.

Cualificación profesional de referencia	Unidades de competencia		Ocupaciones o puestos de trabajo relacionados:
EOC271_1 Operaciones auxiliares de albañilería de fábricas y cubiertas. (RD 872/2007, de 2 de julio)	UC0276_1	Realizar trabajos auxiliares en obras de construcción.	• 7199.1021 Colocador de prefabricados ligeros (construcción) • 9602.1013 Peón de la construcción de edificios • Albañil tabiquero • Operario de Albañilería • Operario de cubiertas. • Ayudante de albañil. • Colocador de bloque prefabricado. • Peón especializado.
	UC0869_1	Elaborar pastas, morteros, adhesivos y hormigones.	
	UC0142_1	Construir fábricas para revestir.	
	UC0870_1	Construir faldones para cubiertas.	

Correspondencia con el Catálogo Modular de Formación Profesional

Módulos certificado	Unidades formativas	Horas U.F.
MF0276_1: Labores auxiliares de obra		50
MF0869_1: Pastas, morteros, adhesivos y hormigones		30
MF0142_1: Obras de fábrica para revestir	UF0302: Proceso y preparación de equipos y medios en trabajos de albañilería.	40
	UF0303: Ejecución de fábricas para revestir.	80
MF0870_1: Faldones de cubiertas	UF0302: Proceso y preparación de equipos y medios en trabajos de albañilería.	40
	UF0642: Ejecución de faldones en cubiertas.	80
MP0133: Módulo de prácticas profesionales no laborales		40

Índice

Capítulo 3
Ejecución de fábricas de bloque para revestir

Capítulo 1
Fábricas de albañilería para revestir

Contenido

1. Introducción

Las fábricas de albañilería son aquellas construcciones, o parte de las mismas, realizadas con ladrillos, bloques, piedras, etc.; normalmente estas piezas son unidas y fijadas con mortero. Si posteriormente estas fachadas son recubiertas con otro u otros materiales, se considerarán fábricas de albañilería revestidas.

Para realizar correctamente una fábrica de albañilería a revestir (estabilidad, durabilidad, que cumpla correctamente con sus funciones...), los trabajadores tienen que poseer el conocimiento adecuado, por ejemplo, de los propios materiales, la importancia de los sellos de calidad, los distintos tipos de fábricas que hay, etc.

2. Conocimiento de materiales

En cualquier obra de construcción es importantísimo conocer todos los elementos intervinientes; ello es esencial para que la obra se ejecute correctamente.

Ya sean ladrillos, bloques, morteros, yesos..., el conocimiento de todos los materiales por parte de los trabajadores cobra una vital importancia.

2.1. Ladrillos: tipos, características y propiedades

Podemos definir el **ladrillo** como una pieza de pasta arcillosa, generalmente rectangular, que, después de cocida, sirve principalmente para construir paredes (muros o tabiques).

Se trata de un material de construcción utilizado desde la antigüedad, considerándose el adobe como el antecesor, ya que se basa en el concepto de utilización de barro arcilloso para la ejecución de muros.

Como se ha comentado anteriormente, la principal materia prima utilizada en la fabricación de ladrillos es la arcilla. Esta debe contener partículas muy pequeñas de silicatos hidratados de alúmina, además de otros minerales como el caolín, la illita y la montmorillonita. La arcilla tiene una gran capacidad para absorber la humedad, por lo que, cuando está hidratada, adquiere una suficiente plasticidad para ser moldeada. Cuando el material se endurece, por cocción o secado, disminuye mucho su masa, a la vez que dota al ladrillo final de una extraordinaria solidez.

Los ladrillos se han utilizado desde la antigüedad.

? Sabía que...

En Oriente Próximo (Antigua Mesopotamia y Palestina) fue donde comenzó a utilizarse el ladrillo ya que alrededor de sus ciudades apenas existía madera y piedra con la que construir las viviendas.

A continuación, vamos a mostrar brevemente el proceso de fabricación de ladrillos:

1. En primer lugar, se selecciona el **tipo de arcilla a utilizar.**
2. **Maduración:** antes de emplear la arcilla para la fabricación de ladrillos, hay que triturarla, homogeneizarla y dejarla en reposo, todo ello para que adquiera una óptima consistencia y uniformidad.
3. **Tratamiento mecánico previo:** se trata de una serie de operaciones cuyo fin es purificar y refinar el material utilizando distintas herramientas y maquinaria. Hay máquinas que reducen las dimensiones de los terrones, otras que los trituran, que eliminan piedras, aplastan las partículas, etc.

4. **Depósito de la materia prima** procesada en silos o depósitos techados. Es el lugar donde finaliza totalmente la homogeneización de los materiales.

5. **Humidificación:** se saca la arcilla de los silos y se lleva a un laminador refinador, para luego pasarla a un mezclador humedecedor en el cual se le agrega agua para obtener la humedad precisa.

6. **Moldeado:** se realiza pasando la mezcla de arcilla a través de una plancha perforada que tiene la forma del ladrillo que se quiere producir.

7. **Secado:** realizado en secaderos, se trata de un proceso muy importante del cual depende, en gran parte, un buen resultado y una óptima calidad, sobre todo, en lo que respecta a la ausencia de fisuras.

8. **Cocción:** realizada en hornos de túnel. Durante el proceso de cocción se produce sinterización, es decir, el aumento de la fuerza y la resistencia de la pieza creando enlaces fuertes entre las partículas. Por ello, la cocción es crucial en el proceso de fabricación del ladrillo en lo que a resistencia respecta.

9. **Almacenaje:** consiste en colocar los ladrillos formando paquetes sobre palés y posteriormente embalándolos generalmente con plástico. De esta manera, las máquinas elevadoras, conocidas popularmente como "toritos", los transportarán fácilmente y colocarán en los camiones.

Paquetes de ladrillos embalados sobre palés

Para comprender la clasificación que vamos a realizar de los ladrillos, antes se mostrará la nomenclatura de este material.

Nomenclatura referente al ladrillo

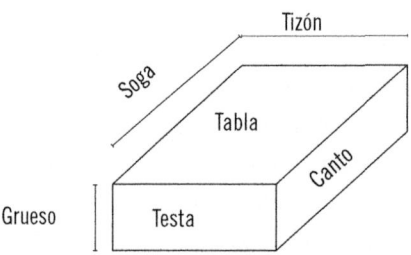

Como se puede comprobar, es la soga el lado de mayor longitud siendo, por lo general, el doble que el tizón. Del grueso podemos comentar que puede no estar modulado. Si nos referimos a la superficie, el ladrillo posee tres caras: tabla, testa y canto.

Realizada la aclaración sobre la nomenclatura, nos adentramos en la clasificación de los ladrillos:

Ladrillo macizo

Se trata del tipo de ladrillo ausente de perforaciones en la tabla y, si las tiene, estas no superan el 10 % de volumen de la citada cara mayor (tabla). A pesar de ello, son fácilmente manipulables con una mano y su colocación es aceptable.

Imagen de un ladrillo macizo

Este modelo de ladrillo posee una alta resistencia mecánica y suelen utilizarse en la construcción de paredes de carga, aunque también para fabricar pilares, arcos, chimeneas, bóvedas, incluso el recubrimiento de fachadas.

Podemos afirmar que se trata de un ladrillo muy utilizado porque suele ser barato y su colocación es relativamente sencilla.

Ladrillo perforado

Es aquel ladrillo cuyas perforaciones en la tabla superan el 10 % de la superficie de la misma.

 Nota

El ladrillo perforado es el más utilizado en la realización de fachadas a cara vista.

Se trata de un tipo de ladrillo muy utilizado en la ejecución de fachadas creando, al mismo tiempo, una verdadera muralla contra la humedad. Hay que destacar que se suelen utilizar al levantar muros dobles, entre los cuales hay que insertar materiales antirruidos o aislantes.

Ladrillo perforado

Los huecos que poseen permiten que las piezas cerámicas se adhieran al ladrillo fácilmente con la utilización del mortero, asegurándose la estanquei-dad y la resistencia mecánica.

Los aparejos (disposición de los ladrillos en un muro) normalmente tienen llagas o juntas de 1 a 1,5 cm de espesor. De esta manera, también queda asegurada la resistencia y la estanqueidad, ya que el mortero penetra en las perforaciones y consigue una adherencia perfecta entre ambos materiales.

Ladrillo hueco

Posee unas perforaciones en su interior en el sentido longitudinal del mismo. Considerar un ladrillo como hueco varía de unas zonas a otras. Por ejemplo, en Estados Unidos, un ladrillo hueco es el que posee un porcentaje de zona hueca entre un 25 y un 60 %, mientras que en Australia, un ladrillo hueco es el que posee al menos un 30 %.

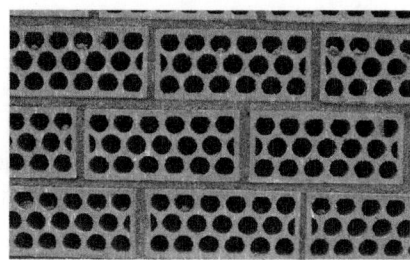

Construcción con ladrillos huecos

Estos orificios dotan al ladrillo de poco peso, lo cual provoca un fácil manejo y corte por parte del trabajador.

Frecuentemente es utilizado en la construcción para ejecutar divisorias o particiones en una misma vivienda conformando el cerramiento interior. Lo que hay que tener en cuenta al utilizarlos para tabiquería es que no son aptos para soportar grandes cargas.

Son aislantes de tipo acústico y térmico pero nunca llegan al nivel, por ejemplo, del ladrillo caravista, el cual se utiliza en cerramientos exteriores, aislando la vivienda de los ruidos de la calle y de las temperaturas extremas.

Dentro de los ladrillos huecos destacan el de hueco simple (una hilera de perforaciones en la testa), el de hueco doble (dos hileras de perforaciones en la testa), el de hueco triple (tres hileras de perforaciones en la testa) y la famosa rasilla (su soga y tizón son mucho mayores que su grueso).

 Recuerde

El ladrillo hueco es habitual en la realización de tabiques destinados a dividir el espacio en distintos departamentos.

Por último, no se debe dejar de mencionar una serie de ladrillos que, por sus características, pueden considerarse especiales:

Ladrillo caravista

Es un tipo de ladrillo fabricado con el fin de ser colocado, tanto en exteriores como en interiores, sin recubrimiento. Además de la función estética, posee una función estructural ya que se trata de un ladrillo de mucha resistencia y muy óptimo como aislante térmico y acústico.

Muro de ladrillo caravista

Los distintos colores y tamaños de los ladrillos caravista dependen de los aditivos y materiales utilizados en su fabricación.

Ladrillo refractario

Sus características hacen que soporte altas temperaturas, incluidos los cambios bruscos de temperatura. Por esta razón, y tal como podemos observar en la fotografía, se trata de un material empleado para chimeneas, hornos, etc.

Chimenea construída con ladrillos reflactarios

De estos ladrillos podemos destacar su baja conductividad térmica y altísima temperatura de fusión, su textura lisa y homogénea, etc.

Ladrillo de tejar

Su apariencia es tosca (caras rugosas), ya que imita a los antiguos ladrillos artesanales. Este tipo de ladrillo posee propiedades ornamentales y es muy utilizado en la rehabilitación de edificios.

Construcción con ladrillos de tejar

2.2. Bloques: tipos, características y propiedades

Los bloques de arcilla son piezas de hormigón o arcilla empleadas en obras de construcción; son de mayores dimensiones que los ladrillos normales, y su uso es debido a su rapidez de ejecución, bajo coste, buen aislamiento térmico y acústico, elevada resistencia al fuego, etc.

Bloques de arcilla

Se trata de un bloque cerámico utilizado como alternativa a otros materiales de construcción más comunes, como los ladrillos o los bloques de hormigón.

Bloque de arcilla

Poseen un tamaño mayor que un ladrillo normal, tanto en dimensiones como en grosor, pero el proceso de fabricación de ambos es prácticamente el mismo.

 Nota

El bloque de arcilla también es conocido como ladrillo grueso.

El bloque de arcilla lleva utilizándose mucho tiempo en la construcción debido, en gran parte, a la aceptación que tiene y a la resistencia de este material, todo ello a pesar de tratarse de un elemento más pesado que un ladrillo normal.

Esta clase de bloque es muy óptimo como sistema constructivo, sobre todo porque, al poseer un tamaño considerable, el tiempo de construcción, por ejemplo, de una pared, se reduce bastante.

Un tipo de bloque de arcilla que destaca por sus características es el **bloque de termoarcilla,** aunque su nombre genérico es **bloque de arcilla aligerado.**

Bloques de termoarcilla

La geometría y la porosidad son las principales características de este material de construcción de baja densidad, las cuales hacen posible conseguir muros de una sola hoja con prestaciones similares a los muros compuestos por varias capas. Este material ofrece un buen comportamiento mecánico y un óptimo grado de aislamiento térmico y acústico.

Entre las diferentes aplicaciones de los bloques de arcilla aligerados destacan la construcción de muros de carga, el cerramiento de fachadas y la separación de viviendas.

La constitución del material junto con su geometría consiguen que muros de una sola hoja tengan prestaciones, en algunos aspectos, iguales o superiores a muros de doble capa. Es por ello que podemos afirmar que se trata de un material que, al utilizarlo, podemos ahorrar en otros medios. Por ejemplo, si utilizamos un bloque termoacústico se pueden construir muros portantes de una sola hoja, con prestaciones equivalentes a los compuestos por dos hojas y cámara de aire aislada, con el consiguiente incremento en el rendimiento de ejecución, puesto que se reduce la mano de obra, se ahorra mortero y se puede prescindir de los aislantes térmicos y acústicos.

Recuerde

Los bloques de termoarcilla de una sola hoja superan en algunos aspectos a los muros de doble capa construidos con ladrillos comunes.

Bloques de hormigón

Son piezas prefabricadas de cemento, agua y áridos utilizadas, sobre todo, para la construcción de muros o paredes, aunque también pueden estar destinadas como revestimientos. A pesar de esto último, los bloques de hormigón suelen ser la base para la estructura de paredes que posteriormente deberán enlucirse o enyesar.

Bloque de hormigón

Por lo general, su fabricación se realiza mezclando cemento, arena y, habitualmente, agregados calizos en moldes metálicos, donde sufren un proceso de vibrado para compactar el material. Es habitual el uso de otros aditivos para modificar sus propiedades de resistencia, textura, etc.

Las dimensiones y la facilidad de maniobrar con estos bloques permiten levantar paredes en un periodo mucho más corto que si construyésemos con ladrillos. A ello contribuye el amplio abanico de piezas especiales, como es el caso de medios bloques, dinteles, plaquetas, etc.

Según la clase de bloque y del tipo de ejecución, estos pueden proporcionar protección contra incendios, aislamiento térmico y aislamiento acústico. La resistencia al fuego debe ser acorde con las necesidades, habiendo bloques de hormigón que pueden alcanzar un RF-240.

 Definición

RF
Resistencia al fuego, y el número indica los minutos de duración de resistencia.

Además de la rapidez para ejecutar los trabajos mediante los bloques de hormigón y la resistencia al fuego, otras ventajas que acarrea su utilización son la capacidad de aislamiento térmico y acústico, su resistencia a la compresión, etc.

Al tratarse de un material prefabricado, nos encontramos en el mercado muchas clases de bloques de hormigón. Por ello, la clasificación la podemos hacer desde muchos puntos de vista:

- Índice de macizo: bloque hueco o macizo.
- Tipo de grano: bloque grueso, medio o fino.
- Densidad de los poros: bloque abierto, semiabierto o cerrado.
- Las dimensiones: bloque de 25 cm de altura, de 50 cm de longitud, etc.
- La resistencia: bloque estructural, de cerramiento o de división.
- La composición: bloque de hormigón normal, hormigón ligero, etc.

- Según la forma: bloque en U, bloque con frente liso, bloque de esquina, bloque a cara vista, etc.
- Aspecto: bloque fino, semifino, semirrugoso o rugoso.

 Nota

Los Bloques de hormigón son materiales cuyo coste económico es bajo.

Como podemos observar, clasificaciones de bloques de hormigón se pueden realizar muchísimas. Aunque algunos tipos de bloques ya han aparecido anteriormente, la clasificación más sencilla que podemos dar es según el acabado:

Bloque a cara vista

Son piezas con al menos una de las caras preparada para no precisar revestimiento. Podemos afirmar que su fin principal es decorativo, pudiendo encontrar en el mercado una variedad de tamaños y colores. Siempre debe verificarse que cumple todos los requisitos que exigen los cerramientos exteriores.

Generalmente, se utilizan para delimitar distintas zonas y no como elementos portantes de la estructura de la obra. Es común ver este tipo de piezas en pabellones, en cerramientos de fincas, etc.

 Recuerde

Los bloques a cara vista no se suelen utilizar como elementos portantes. Ya que su fin es decorativo, no precisan revestimiento.

Cuando estos bloques son colocados en exteriores, lo normal es que posean características hidrófugas para evitar problemas de humedad.

Bloque para revestir

Como su propio nombre indica, es aquel bloque cuya rugosidad proporciona la suficiente adherencia para que sea recubierto por otro material de acabado.

El más común de los bloques para revestir es el **bloque de gafa.** Por lo general, su revestimiento se basa en enfoscados para exteriores y enlucidos en interiores. Hay ocasiones que se fabrican con huecos horizontales en vez de verticales para que no impidan el paso de aire entre el exterior y el interior.

El **bloque de carga** es otro de los bloques a revestir destacado. Debido a su función de elemento portador, es un tipo de bloque muy macizo. A menudo se utiliza como material sustentador del forjado superior.

Por último, vamos a citar el **bloque multicámara.** Este tipo de bloque, cuyos huecos internos están compartimentados, es muy utilizado para levantar paredes de una sola hoja. El aislamiento de la pared se ve aumentado gracias a que las divisiones internas del bloque aíslan el aire en distintas cámaras.

2.3. Morteros: tipos, composición y amasado

Podemos definir mortero como una masa compuesta por un conglomerante, áridos, agua y posiblemente algún aditivo más, utilizada para fijar, entre otros, ladrillos, piedras, azulejos, o como material para enlucir o enfoscar.

Con el paso del tiempo, ha sufrido una evolución gracias a los avances científicos y técnicos, variando su composición, su modo de fabricación y su puesta en obra.

La fabricación de morteros ha pasado de ser artesanal a una fabricación industrial, obteniéndose morteros de mayor calidad ya que se utilizan mejores productos y óptimos procedimientos industriales. Incluso se realizan morteros especializados para condiciones y características específicas.

Sabía que...

El mortero, al igual que los ladrillos y los bloques, es un material de construcción utilizado desde la antigüedad.

Componentes del mortero

Como se ha comentado anteriormente, varios son los componentes del mortero, los cuales vamos a analizar a continuación.

Árido

Aunque pueden utilizarse en la fabricación del mortero distintos tipos de áridos, el más común es la arena.

La arena es el más común de los áridos

A pesar de no ser un componente activo en el fraguado y endurecimiento de la mezcla, la importancia de la arena es primordial ya que conforma la mayor parte del volumen. La arena mejora la homogeneidad de la mezcla y evita la aparición de fisuras una vez que se endurece el mortero, etc.

No es posible realizar un buen mortero sin una adecuada arena. La utilizada en la fabricación de morteros debe estar exenta de impurezas (barro, ramas, etc.) recomendándose la arena de grano fino procedente de canteras y, sobre todo, la de ríos (cuarzo puro). En cambio, la arena cuyo origen es arcilloso no es aconsejable ya que deteriora la mezcla y ataca al cemento, caso de la arena proveniente de las minas, la cual habrá que lavarla intensamente si queremos utilizarla. Por su parte, la arena del mar, si es limpia, puede utilizarse en hormigón armado siempre que se lave con agua dulce.

El hecho de que la arena posea un cierto grado de humedad es muy importante en los trabajos de albañilería. Por ello, debe ser almacenada en un lugar óptimo para que no pierda sus propiedades.

 Recuerde

No es posible realizar un buen mortero sin contar con la adecuada arena, exenta de impurezas.

Cal

Se obtiene a partir de la calcinación de la piedra caliza. A parte de utilizarse para pintar, también es utilizada para realizar la masa de mortero.

La importancia que tiene la cal en el mortero radica en que facilita el trabajo (el manejo del mortero) y en que reduce la posible alteración de las paredes, sobre todo, en el exterior de los edificios.

Agua

El agua utilizada, tanto en el amasado como durante el curado en obra, no debe contener ningún agente perjudicial (sulfatos, cloruros, etc.) para que no se alteren las propiedades del mortero.

 Ejemplo

Las eflorescencias suelen aparecer cuando el contenido de sales solubles en el agua es elevado.

En morteros armados, habrá que tener en cuenta que el agua no porte sustancias que produzcan la corrosión de los aceros. De esta manera, siempre se debe utilizar agua que no haya dado problemas previamente.

Un dato útil es que las aguas potables suelen ser aptas en la fabricación de morteros, exceptuando el agua de alta montaña porque, debido a su gran pureza, se convierte en un agua agresiva.

Por su parte, el agua del mar se podría calificar como perjudicial. Si bien no está prohibida para la fabricación de hormigón en masa, sí que es muy perjudicial para el hormigón armado. También es muy peligrosa la presencia de algas, ya que provoca la aparición de muchos poros en el hormigón.

Aditivos

Los aditivos son productos que, introducidos en pequeñas cantidades en el mortero, modifican algunas de las propiedades originales de éste (tiempo de fraguado, impermeabilidad, etc.). Actualmente constituyen un componente habitual de los morteros.

Nota

Al utilizar aditivos para modificar ciertas características del mortero quizás se pueden variar otras propiedades.

Como es lógico, la cantidad de aditivo empleado debe ser la que indique el fabricante, siempre realizando una mezcla de prueba antes de ponerlo en práctica en la obra.

Entre los aditivos más destacados podemos encontrar los siguientes:

- **Aceleradores:** como su propio nombre indica, aceleran el proceso de fraguado del mortero.
- **Retardadores:** reducen la velocidad de fraguado como, por ejemplo, cuando un camión hormigonera se va a trasladar a bastantes kilómetros. El problema de los retardadores es que reducen la resistencia del mortero, por lo que hay que tener cuidado con las dosis a utilizar.
- **Impermeabilizantes:** se utilizan en casos como cuando necesitamos que el agua que está en contacto con la construcción no sobrepase la estructura.

Conglomerante

Dicho material es aquel capaz de unir fragmentos de una o varias sustancias o materiales y dar cohesión al conjunto por efecto de transformaciones químicas en su masa, que originan nuevos compuestos. De esta manera, en el mortero, el conglomerante es utilizado como material de unión, de ligazón.

Tipos de morteros

En el mercado nos podemos encontrar con diferentes tipos de morteros, cada uno de ellos con sus características y destinados a un fin. La clasificación de los morteros se puede realizar desde distintos puntos de vista. Así, nos encontramos tipos de morteros según su aplicación (para uso corriente, ligeros, para juntas finas, etc.), según el sistema de fabricación (morteros industriales, morteros hechos en la misma obra), etc., pero es el conglomerante utilizado el factor decisivo en la clasificación que vamos a citar a continuación:

Mortero de cemento Portland

Posiblemente sea el mortero más popular en el mundo de la construcción, siendo utilizado desde mediados del siglo XIX.

La masa de este mortero se compone de cemento (conglomerante), arena y agua. La mezcla resultante tendrá gran resistencia y rapidez para secarse y endurecerse pero, por otro lado, es escasamente flexible y florecen grietas con facilidad.

Siempre hay que intentar utilizar la cantidad de cemento óptima para cada caso.

El mortero será calificado como pobre si la cantidad de cemento es escasa. En este caso, la capacidad de adherencia del mortero se verá mermada, además de resultar más difícil de trabajar con la pasta.

En cambio, si utilizamos más cantidad de cemento de la debida, el mortero tiende a retraerse y es normal que aparezcan fisuras sobre la superficie del trabajo realizado.

Por último, comentar que existe un mortero de cemento especial. Se trata del hormigón, un tipo de mortero muy utilizado en cualquier tipo de obra cuya composición contiene grava, además de arena, agua y cemento.

Recuerde

Si la cantidad de cemento es escasa, la capacidad de adherencia del mortero será baja. En cambio, si la cantidad de cemento es alta, pueden aparecer fisuras.

Aplicación práctica

Usted es peón albañil y su oficial le pide que realice un excelente mortero de cemento Portland, fácil de manejar y que fragüe con rapidez. ¿Cuáles son los pasos a seguir y los hechos a tener en cuenta?

SOLUCIÓN

Teniendo en cuenta que las cantidades de cada componente deben ser las óptimas:

▎ En primer lugar, hay que elegir la arena adecuada, es decir, exenta de impurezas (barro, ramas, etc.) y escogiendo, si es posible, aquella de grano fino procedente de ríos o canteras.
▎ Utilizar agua que, por experiencia propia, nunca haya dado problemas. El agua utilizada no contendrá agentes perjudiciales (sulfatos, cloruros, etc.) que alteren las propiedades del mortero.
▎ Utilizar, como conglomerante, cemento Portland exento de impurezas (piedras, ramas, etc.).
▎ Para facilitar el manejo de la masa, se añadirá cal.
▎ Para que el fraguado sea rápido hay que utilizar un aditivo acelerador.
▎ Realizar el amasado mecánicamente, por ejemplo, en una hormigonera.

Mortero de cemento de aluminato de calcio

Fabricado a base de cemento de aluminato de calcio, arena y agua, se utiliza en taponamientos de vías de agua.

Al utilizar este tipo de mortero hay que tener en cuenta la reacción térmica que se produce durante el fraguado y que puede llegar a evaporar el agua de amasado. Por ello, es necesario controlar esta temperatura para que no sobrepase los 30 °C.

Mortero de cal

En este caso, es la cal (hidráulica o aérea) la que se mezcla con la arena y el agua, dando lugar a una pasta mucho más dócil de trabajar que la anterior. El manejo de esta pasta es relativamente sencillo gracias a su flexibilidad y fácil aplicación pero, con respecto al mortero de cemento, pierde resistencia e impermeabilidad.

Mortero bastardo

Son morteros compuestos por dos clases de conglomerantes compatibles, es decir, cemento y cal. Se caracterizan por su alta trabajabilidad, comunicada por la cal, presenta colores claros, por lo que se utilizan como mortero de agarre en fábricas de ladrillo cara vista.

El mortero bastardo, también conocido como mixto, es una mezcla de dos de los anteriores, es decir, el compuesto por cemento, cal, arena y agua. Ello provoca que sea resistente y flexible a la vez, siendo más resistente si añadimos a la mezcla más cemento que cal, mientras que será más flexible si la cal supera en cantidad al cemento.

Mortero de yeso

Compuesto por yeso, arena y agua, posee menos resistencia que muchos tipos de morteros, pero se utiliza gracias a su rapidez de fraguado.

Normalmente es empleado para fijar elementos en la obra. En pocas ocasiones se utiliza para levantar tabiques interiores, quedando excluido para los exteriores. Tampoco es utilizado para enfoscar, sobre todo, si la pared es propensa a la humedad (baños, cercanía al fregadero, etc.) ya que el yeso tiene gran capacidad de absorción y puede llegar a almacenar mucha agua.

Otros tipos de morteros

Los citados anteriormente son los morteros más importantes desde el punto de vista del conglomerante utilizado, pero hay otro tipo de morteros especiales que, por su importancia, no podemos obviarlos. La mayoría de estos morteros especiales son prefabricados, es decir, los componentes ya vienen mezclados de fábrica, por lo que en la obra solo hay añadir agua para realizar la masa. Los más destacados son:

Mortero de cemento cola

También conocido como pegamento cola, se trata de un tipo de mortero fabricado a base de cemento Portland y resinas de origen orgánico utilizado como adhesivo para la colocación de pavimentos y, sobre todo, azulejos en paredes.

Presentado en polvo, se mezcla con agua para amasarse y, tras esperar un corto periodo de reposo, puede comenzar a utilizarse.

 Nota

El cemento cola es uno de los productos más utilizados como adhesivo para colocar azulejos.

Entre sus características destaca que es un material muy adherente, se necesita poca agua para su amasado y su fraguado es rápido.

Mortero ignífugo

Podemos definirlo como aquel tipo de mortero que, debido a sus características, tiene un buen comportamiento y resistencia ante el fuego. Por esta causa, es empleado en cualquier parte o elemento de la obra al que se quiera incrementar su resistencia al fuego.

Mortero hidrófugo

Mortero especial estanco al agua, es decir, que evita el paso de agua. Es muy empleado para revestir paredes exteriores, ya sean de ladrillos o de bloques de hormigón, con el fin de que la humedad no pase al interior del edificio, siendo indispensable en aquellas paredes castigadas frecuentemente por el agua de lluvia.

Mortero refractario

Puede definirse como un tipo de mortero muy resistente a altas temperaturas y a la agresión de los gases que se producen en las combustiones.

Por lo general, está compuesto por cemento de aluminato de calcio y arena refractaria.

Este material es muy empleado para revestir paredes de hornos, chimeneas, etc., y, de esta manera, intentar que se alteren lo menos posible sus propiedades. También se utiliza como material de agarre entre hiladas de ladrillos refractarios.

Mortero aligerado

Compuesto por arenas de machaqueo procedentes de riolitas, pumitas o liparitas, mezcladas con áridos expandidos por calor, como por ejemplo la perlita o arcillas expandidas.

De esta manera, se obtienen morteros ligeros, de poca resistencia mecánica, pero de un gran aislamiento térmico.

Aplicación práctica

Nos encontramos en una obra y el dueño nos pide que realicemos una chimenea. A parte de la técnica a utilizar, ¿qué aspectos sobre los materiales debemos tener en cuenta?

SOLUCIÓN

I Asegurarnos que vamos a utilizar ladrillos refractarios ya que son los adecuados para soportar altas temperaturas.

I Amasar correctamente el mortero refractario. La masa tiene que ser totalmente homogénea, sin grumos y con la cantidad de agua idónea.

Amasado del mortero

El amasado es la fabricación de la pasta de mortero con la que se ha de trabajar.

El primer aspecto a tener en cuenta es la cantidad de cada componente que se va a mezclar. La medida de los componentes debe realizarse conociendo el peso de cada uno de ellos porque, si lo hacemos teniendo en cuenta el volumen utilizando, por ejemplo, una pala, puede llevarnos a error. Si utilizamos la pala para coger material, debemos tener en cuenta que el volumen de este puede estar aumentado, por la humedad, o retraído, a causa de la sequedad.

Un principio básico es que siempre se debe utilizar la mínima cantidad de agua posible, aunque sea más complicado trabajar con la masa. Si nos pasamos con el agua pueden aparecer huecos en el hormigón, lo cual provoca una disminución de la resistencia de este.

? Sabía que...

El agua utilizada en el amasado del mortero es el único componente que puede medirse en volumen ya que peso y volumen son iguales.

Mencionados algunos aspectos para la óptima realización de mortero, vamos a adentrarnos totalmente en su fabricación.

Para comenzar, lo primero que hay que reseñar es que puede realizarse mecánica o manualmente.

A mano

El mortero amasado a mano tiene que realizarse en una cubeta destinada a tal fin o en el suelo. Si lo realizamos en el suelo, este tiene que estar limpio y ser impermeable. No se usará nunca un suelo cuya superficie sea arena.

La mezcla de la arena con el conglomerante se realizará en seco. Se preparará un montón de arena y, sobre él, se echará el conglomerante. Si vamos a utilizar cal en el mortero, esta se verterá sobre la arena. Con la pala mezclaremos todo hasta que el color sea uniforme, es decir, hasta que apreciemos que la arena está totalmente teñida por el conglomerante.

A continuación, se realizará un hueco en el centro de la mezcla y añadimos el agua, preferiblemente con un cubo. Con cuidado, moveremos la mezcla hacia el interior del hueco de agua. Tras realizar varias batidas, el mortero estará perfecto para su utilización. Si durante o tras el amasado, la pasta está más bien dura, añadiremos más agua, mientras que si está blanda, lo que necesita es más arena y aglomerante.

 **Recuerde**

La mezcla de la arena con el conglomerante se realizará en seco.

A máquina

Si utilizamos maquinaria para la realización de la pasta de mortero, el resultado será una masa más perfecta que si la realizamos a mano. La mezcla será mucho más homogénea y fácil de trabajar, incrementándose la plasticidad cuanto más dure el amasado, ya que se introduce más cantidad de aire.

Preparación de mortero a máquina

La principal máquina para la realización de mortero es la hormigonera. En ella se verterá, en primer lugar, parte del agua y después el cemento y la arena conjuntamente. Para finalizar, poco a poco, se irá añadiendo el resto del agua hasta que se obtenga una masa óptima.

En este último aspecto vamos a incidir, ya que nunca se conseguirá una masa buena y uniforme si la duración del amasado no es correcta.

Un largo amasado puede provocar la trituración de los áridos si estos son disgregables, mientras que si el amasado es corto, el árido no quedará bien envuelto en la masa.

Por último, comentar que, para realizar una pasta de mortero bastardo, la cal y el cemento deben mezclarse con parte del agua hasta que el aspecto sea pastoso y uniforme, y luego se añade la arena y el agua restante.

Terminada la realización de la masa, la hormigonera debe limpiarse totalmente.

 Recuerde

La óptima duración del amasado dará lugar a una buena masa de mortero.

Dosificación del mortero

Se trata de la cantidad o porción que hay que utilizar de cada material en la realización del mortero.

A continuación, se mostrarán ejemplos de dosis óptimas a emplear, centrándonos en el mortero de cemento Portland, siempre teniendo en cuenta que la cantidad de agua será la mínima posible.

- Una parte de cemento y una de arena: mortero rico empleado para revoques impermeables y bruñidos.
- Una parte de cemento y dos de arena: mortero rico utilizado para enlucidos, revoques de zócalos, etc.
- Una parte de cemento y tres de arena: mortero rico utilizado en la fabricación de muros muy cargados, enlucidos, bóvedas tabicadas, enlucidos de pavimentos, etc.

- Una parte de cemento y cuatro de arena: mortero normal empleado para levantar tabiques de rasillas, bóvedas de escaleras, etc.
- Una parte de cemento y cinco de arena: mortero normal utilizado, por ejemplo, para muros cargados y enfoscados.
- Una parte de cemento y seis de arena: mortero pobre destinado para fábricas cargadas.
- Una parte de cemento y ocho de arena: mortero pobre utilizado para levantar muros sin carga.
- Una parte de cemento y diez de arena: mortero pobre empleado en base para solados.

 Nota

La dosificación es un factor de vital importancia en la realización del mortero.

 Recuerde

La cantidad de agua siempre debe ser la mínima posible.

2.4. Pastas de yeso: composición y amasado

El yeso es un mineral de sulfato de calcio hidratado, compacto o terroso, generalmente blanco, tenaz y tan blando que se puede rayar con la uña. Este mineral es conocido como yeso natural, piedra de yeso o aljez.

Deshidratado por la acción del fuego y molido, suele emplearse en distintas áreas. A este yeso manufacturado se le pueden añadir determinadas adiciones para modificar sus características de fraguado, adherencia, resistencia, densidad, etc., que una vez amasado con agua, puede ser utilizado directamente.

 Sabía que...

La piedra de yeso o aljez, como materia mineral, se extrae de canteras a cielo abierto o de canteras subterráneas.

Esta materia prima extraída, previamente a su cocción, se tritura utilizando la maquinaria apropiada, como pueden ser molinos de rodillos, machacadoras de mandíbulas, etc. El tamaño de grano tras su trituración viene determinado principalmente por el método o sistema de cocción a emplear.

Gracias a su fácil manejo y aplicación, y también debido a que es un material que se encuentra en gran cantidad y países, el yeso es uno de los materiales más empleados en construcción.

Dentro de la construcción, el yeso es utilizado, entre otras cosas:

- Como pasta para guarnecidos, enlucidos, revocos y como pasta de agarre y de juntas. También para obtener estucados y en la preparación de superficies de soporte para la pintura artística al fresco.
- Prefabricado, como paneles de yeso para tabiques, y escayolados para techos.
- Como aislante térmico, pues el yeso es mal conductor del calor y la electricidad.

? Sabía que...

Durante el período Neolítico, con el dominio del fuego, comenzó a elaborarse yeso y utilizarse para guarnecidos, unir las piezas de mampostería y sellar las juntas de los muros de las viviendas, sustituyendo al mortero de barro.

Composición y amasado del yeso

En primer lugar, comentar que para que el trabajo le salga bien al yesista hay que tener en cuenta la importancia de la preparación del yeso, destacando el tiempo de fraguado, es decir, el tiempo que la masa tarda en endurecer.

La composición de la masa de yeso es simple: agua y yeso en polvo. Con estos dos componentes, más la paleta para amasar y un recipiente adecuado (gaveta), podemos empezar a realizar la pasta, siempre asegurándonos de que el recipiente esté limpio, sin impurezas de amasados anteriores, ya que este hecho puede echar a perder la pasta.

A continuación, se vierte el agua necesaria en la gaveta, espolvoreamos el yeso y lo dejamos reposar uno o dos minutos. La proporción de agua y yeso será la conveniente según el trabajo. Mientras estamos espolvoreando el yeso, hay que evitar que se formen grumos utilizando, si fuera necesaria, la paleta.

Tras el tiempo de reposo, se amasa la mezcla con la paleta limpia hasta que se consiga una pasta homogénea y sin grumos. Una vez amasado, el yeso adquiere la suficiente consistencia para poder trabajar con él.

La proporción de agua y yeso suele ser de unos 16 a 19 litros de agua por cada 25 de yeso, teniendo en cuenta que, cuanta más proporción de agua, menos resistencia tendrá el producto final.

 **Recuerde**

Tras espolvorear el yeso en el agua, hay que dejarlo un tiempo en reposo.

Respecto a la temperatura ambiente, hay que señalar que para realizar la pasta de yeso debemos estar entre 5 y 40 °C; superados estos límites se provocarán variaciones en el tiempo de fraguado y en las características del producto.

Fraguado

El fraguado o endurecimiento de la mezcla es muy rápido, solo unos minutos. Por ello, lo conveniente es que la masa no se prepare en grandes cantidades. Así evitaremos que parte de la mezcla endurezca y quede inservible.

 Recuerde

Cuanta más cantidad de agua se utilice para realizar la masa de yeso, menos resistencia tendrá dicha masa.

Para que el fraguado sea más lento, hay quienes utilizan aditivos retardadores que se añaden en el momento de realizar la pasta, o simplemente utilizan yeso controlado, es decir, el que, dentro de sus componentes, lleva retardadores propios. Lo que nunca se debe hacer es añadir más agua a la pasta cuando ésta empiece a endurecer, ya que puede perder adherencia y resistencia.

 **Nota**

El yeso es de los materiales de construcción que más rápido fraguan.

3. Marcado CE de los materiales de construcción. Marcas o sellos de calidad existentes en materiales de construcción

Podemos definir **sello de calidad** como un logotipo, un símbolo, que verifica la calidad de un producto. Colocado en el envase, es una herramienta de comercialización ya que mejora la imagen del producto, lo promociona e incluso surge la posibilidad de comercializar el producto a un precio mayor.

Entre las características de los sellos de calidad destacan:

- Se le otorga a productos que han sido revisados y controlados por un organismo certificador.
- La empresa propietaria del producto permite voluntariamente el control de este.
- El sello garantiza la calidad de los atributos de valor del producto, por lo que diferencia unos productos de otros.

El organismo que otorga el sello de calidad (comisión reguladora) estudia varios atributos del producto, entre los que destacan:

- Composición.
- Origen de las materias primas.
- Modo de elaboración.

Tras estudiar estos atributos, la comisión tiene que comprobar que el producto cumple una serie de condiciones como exigencias técnicas y sanitarias. Finalmente, la comisión se postula y otorgará o no el sello de calidad.

 **Nota**

En un mercado cada vez más globalizado y competitivo, contar con un sello de calidad abre muchas puertas y mejora la imagen de los productos.

Tras esta introducción, hay que comentar que existe una base normativa que establece actualmente el sistema de calidad general europeo para los productos de construcción. Además, mencionar la creación de la Directiva de los Productos de Construcción y, con ella, el nacimiento de la certificación y el marcado CE.

El marcado CE es un conjunto de requisitos obligatorios del producto en el ámbito europeo

Son muchos los profesionales de la construcción que, por razones diversas, no tienen claras las diferencias existentes entre el marcado CE y los distintivos de calidad que coexisten en el mercado actual. Ello implica el desconocimiento de su importancia dentro del ámbito de la calidad, por lo que aquí estableceremos las diferencias. Antes vamos a remontarnos en el tiempo para situarnos en el comienzo del mercado común europeo.

Antes, las barreras entre los distintos países dificultaban la libre comercialización de los productos, haciendo cada vez más necesaria la creación del mercado común.

 **Nota**

Antes de la creación del mercado común en Europa, los principales problemas eran, entre otros, los controles de calidad realizados en las aduanas y la inseguridad frente a la responsabilidad de los fabricantes en la realización de sus productos.

Dentro del capítulo de la creación del mercado común, hay que destacar varios hechos:

- Resolución del Consejo en 1985 donde se introduce la política de "Nuevo enfoque" cuya base es la armonización normativa y técnica.
- Aprobación del acta Única Europea en 1986 que planteaba la existencia de un mercado interior para 1993 en el cual se permitiese la libre circulación de los productos.
- Resolución del Consejo del 21 de diciembre de 1989, donde se introduce el concepto de "enfoque global". Se planteó que los criterios de evaluación de los productos y la conformidad para la utilización de estos tenían que ser comunes en todos los países.

Siguiendo esta línea, y centrándonos en los materiales de construcción, hay que destacar el Reglamento (UE) N°. 305/2011 referente a la comercialización de los productos de construcción, no solo busca la calidad del producto, sino que también exige a las obras de construcción donde van destinados estos productos el cumplimiento de requisitos esenciales, como pueden ser resistencia mecánica, seguridad de utilización, seguridad en caso de incendio, aislamiento acústico, aislamiento térmico, etc.

Tras la aprobación de la citada directiva, y para impulsar su desarrollo, se aprobaron las conocidas como normas armonizadas, cuya función es ajustar los criterios de los distintos países. Mediante estas normas se recogen datos del producto, desde los referidos al cumplimiento de los requisitos esenciales de la directiva hasta el procedimiento para certificar la conformidad del mismo.

El cumplimiento de estas normas lleva consigo la disposición del **marcado CE,** por lo que es de la mano de esta directiva donde tiene su origen.

Recuerde

El Reglamento (UE) 305/2011 está referido a los productos de construcción.

Volviendo al marcado CE, podemos definirlo como un certificado que garantiza que el producto es conforme con la directiva o directivas que le sean de aplicación. Para adquirir esta presunción de conformidad, lo normal es que el fabricante recurra al cumplimiento de una norma armonizada ya que, de esta manera, se satisfacen los requisitos básicos de la directiva, y se fija el nivel de seguridad requerido, estableciendo las características del producto que el fabricante se encuentra obligado a declarar.

Nota

Las normas armonizadas identificadas en España como UNE-EN (transposición de las Normas Europeas) y UNE, ambas de carácter voluntario, en conjunto con la normativa general de obligado cumplimiento (Código Estructural y Código Técnico de la Edificación) conforman en la actualidad el marco Legislativo Español.

En el caso de que no exista una norma armonizada ni una norma española ni estén preparadas para redactarse, entrará en juego un DITE, es decir, un **Documento de Idoneidad Técnica Europea.** Mediante este se definirá la idoneidad del producto cumpliendo los requisitos básicos de la directiva.

El marcado se obtendrá cuando se superen las especificaciones técnicas correspondientes enfocadas en la evaluación y vigilancia del producto y de la producción de este.

Tras explicar qué es el marcado CE y cómo se obtiene, hay que hablar de la obligatoriedad de llevar este marcado:

- Siempre que exista una Norma Armonizada o un DITE será totalmente obligatorio el marcado en los productos, sean de construcción o de cualquier otro tipo.
- Si no existe la Norma o DITE no es obligatorio. En este caso, es conveniente que el producto lleve algún otro distintivo de calidad ya que, de esta manera, el fabricante no ofrecerá una garantía.

Hasta ahora se han analizado los sellos de calidad, más profundamente el marcado CE, pero, llegados a este punto, hay que establecer la diferencia entre este último y el resto de los sellos de calidad.

Partiendo de que tanto uno como otros son logotipos que verifican la calidad del producto, si queremos hacer una clara diferenciación, hay que decir que el marcado CE es obligatorio para todos los productos que se quieran comercializar entre los países de la Unión Europea mientras que el resto de sellos de calidad son distintivos voluntarios de calidad como puede ser AENOR.

 **Recuerde**

Siempre que exista una Norma Armonizada o un DITE será totalmente obligatorio el marcado en los productos.

Por su lado, una **marca homologada** hay que asociarla a la marca del producto. Aunque se puede afirmar que se trata de un sistema de certificación voluntario, la marca homologada no hay que confundirla con una certificación de sistemas de calidad, ya que la marca se centra en el producto y la certificación en el sistema de calidad general de la empresa (producción, administración, etc.).

Las marcas homologadas se certifican en base a sus propios reglamentos, los cuales deben adecuarse a lo establecido por las normas UNE-EN correspondientes.

 Nota

Mediante una marca homologada se pueden incrementar las exigencias y características del producto pero nunca disminuirlas.

Las marcas establecen las evaluaciones que el producto debe superar, tales como fabricación, tomas de muestras, valoración de los ensayos realizados, etc., en este caso, siguiendo las normas UNE referidas a los materiales de construcción.

Hay que destacar que una marca homologada no siempre va a aumentar las prestaciones del producto pero sí reduce el margen de error en la producción, al controlarse más exhaustivamente. De esta manera, podemos afirmar que una marca homologada debe influir en el resultado y calidad final del producto pero son los profesionales de la construcción los que, con su cualificación, tienen que valorar la calidad técnica de los productos en función del uso para el que estén destinados.

3.1. Calidad según el Código Técnico de Edificación (CTE)

Los materiales de construcción son utilizados como elementos integrantes de una obra, combinándose de numerosas formas. Por ello, el rendimiento de los materiales en la obra final puede verse afectado por la mala ejecución de la obra, por la calidad del proyecto, etc. De esta manera, hay que afirmar que el comportamiento de las construcciones no depende solo de los componentes individuales, entre ellos los materiales, sino también, del conjunto del proceso constructivo. En este concepto clave es donde reside el enfoque del concepto de calidad dentro del Código Técnico de la Edificación.

Basándose en la directiva europea, el 5 de noviembre de 1999 se aprobó en España la Ley de Ordenación de la Edificación (LOE) cuyo desarrollo reglamentario es el Código Técnico de la Edificación (CTE). Entre otras cosas, este código materializa:

- Las exigencias básicas que inicialmente se pusieron de manifiesto como base de la Directiva Europea de Materiales de Construcción.
- Las exigencias básicas que deben cumplir los edificios para solventar los requisitos de seguridad estructural, seguridad en caso de incendio, seguridad de utilización, salud y medio ambiente, higiene, protección contra el ruido, ahorro de energía y aislamiento térmico, así como determinar los procedimientos que permitan acreditar su cumplimiento con suficientes garantías técnicas.

En el Código Técnico de Edificación se fijan las exigencias que tienen que cumplir los productos de construcción para que puedan ser utilizados en las obras. Este código también incluye:

- La obligación que tienen los productos, que vayan a colocarse como material permanente en los edificios, de llevar el marcado CE.
- La consideración de conformidad con el código de aquellos materiales que demuestren el cumplimiento de las exigencias básicas, mediante las evaluaciones técnicas de idoneidad para el uso previsto.

 Recuerde

En el Código Técnico de Edificación se fijan las exigencias que tienen que cumplir los productos de construcción para que puedan ser utilizados en las obras.

Toda esta apuesta por el incremento de la calidad de los productos ha provocado que las empresas intenten dar una respuesta positiva. Todas las marcas, sobre todo, las de calidad, intentan tomar fuerza en este campo y se ponen a trabajar para que sus productos sean homologados y lleven el marcado CE.

Como se comentó anteriormente, el marcado CE es obligatorio para todos los productos que se quieran comercializar entre los países de la Unión Europea pero hay otros sellos de calidad que son voluntarios. En productos de construcción podemos destacar:

- La marca N de AENOR para productos de protección contra incendios.
- La marca AW de ALL WORLD Certificación para ferralla y hormigón.
- La marca A+ de LGAI Technological Center (Applus+) para hormigón.

AENOR

Se trata de una institución española privada que contribuye, mediante el desarrollo de actividades de normalización y certificación, a mejorar la calidad en las empresas, sus productos y servicios, así como a proteger el medioambiente.

AENOR

Gestión
Ambiental

CGM-03/252

*El sello indica que
se ha cumplido
medioambientalmente*

Las funciones de AENOR son:

- Elaborar normas técnicas españolas (UNE) con la participación abierta a todas las partes interesadas y representar a España en los distintos organismos de normalización regionales e internacionales.
- Certificar productos, servicios y empresas.

Mediante la certificación se manifiesta la conformidad de una empresa, producto, proceso, servicio o persona con los requisitos definidos en normas o especificaciones técnicas.

Aplicación práctica

Suponga que usted se encuentra en las oficinas de una empresa de construcción y necesita saber los requisitos que deben cumplir determinados materiales de una obra. ¿Qué normativa debería consultar?

SOLUCIÓN

En el Código Técnico de Edificación se fijan las exigencias que tienen que cumplir los productos de construcción para que puedan ser utilizados en las obras

4. Tipos de fabricas de albañilería

Existen diferentes clases de fábricas de albañilería y, dentro de una misma obra de construcción, nos podemos encontrar varias de ellas, por lo que se entiende que es realmente importante conocerlas todas y sus características.

Por esta razón, en el presente capítulo se muestran los diferentes tipos de fábricas de albañilería, concretamente según la función que cumplen, el emplazamiento y su forma geométrica.

4.1. Clasificación según función, localización y geometría

La fábrica de albañilería puede ser definida como aquella construcción o elemento constructivo estructural, fabricado con ladrillos o bloques de hormigón, colocados en forma ordenada y unidos con mortero. Normalmente, el término fábrica de albañilería se reduce al levantamiento de muros y tabiques.

En general, nos encontramos dos tipos de fábricas de albañilería:

■ **Fábricas para revestir:** son aquellos muros o tabiques que, como su propio nombre indica, se han construido de tal forma y con unos materiales que necesitan ser revestidos por otros elementos destinados al acabado. Al tratarse de muros que posteriormente van a ser revestidos con otros materiales no requieren un alto grado de terminación, preocupación excesiva por las juntas ni limpieza a fondo de los paramentos.

Los muros a revestir no requieren de una alta perfección en el acabado.

Estos muros y tabiques serán revestidos con perlita, yeso, mortero de cemento, mortero monocapa, material cerámico, piedra natural o artificial, etc.

■ **Fábricas vistas:** las fábricas vistas son aquellos muros o tabiques cuyos materiales empleados en su construcción tienen la característica de no necesitar revestimiento, es decir, los mismos materiales utilizados para levantar la fábrica son los que conforman la imagen externa.

Las fábricas vistas no necesitan revestimiento.

Los materiales más destacados para la construcción de las fábricas vistas pueden ser el ladrillo a cara vista, el ladrillo esmaltado y el hormigón visto.

Al contrario que las fábricas a revestir, el grado de terminación debe ser alto, con unas juntas bien trabajadas y una óptima limpieza de los paramentos.

 Recuerde

Los materiales que conforman los muros a cara vista no necesitan ser revestidos.

Clasificación según su función

Diferentes pueden ser los tipos de fábricas de albañilería, ya que en su clasificación entran en juego distintos factores.

Teniendo en cuenta la función que cumplen, las principales fábricas de albañilería son los muros de carga y los muros divisorios.

Muros de carga

Son aquellos cuya función principal es cargar y soportar los esfuerzos de compresión de la construcción, por lo que su espesor estará en relación directa con el peso que soporta y la fatiga de trabajo de sus componentes.

Construcción de muros de carga

Muros divisorios

Como su propio nombre indica, se trata de aquellas fábricas cuya función principal es separar el espacio en distintas partes. Aparte de la función divisoria, también tienen que cumplir la importante función de aislar tanto acústica como térmicamente, y convertirse en un elemento impermeable a la humedad.

Los muros divisorios deben aislar acústica y térmicamente.

Este tipo de muros, al separar los espacios, son elementos ligeros que no soportan las cargas estructurales.

 Recuerde

Según su función, los muros pueden ser de carga o divisorios.

 Aplicación práctica

Si nos encontramos con un muro cuya función principal es cargar y soportar los esfuerzos de compresión de la construcción, analice de qué tipo puede ser.

SOLUCIÓN

Estaría dentro del grupo de los muros de carga, ya que su espesor estaría en relación directa con el peso que soporta y la fatiga de trabajo de sus componentes.

Clasificación según su localización

Otro de los factores a tener en cuenta para realizar una clasificación de las fábricas de albañilería es el lugar donde están ubicadas, es decir, la ubicación. En este sentido, los muros principalmente serán exteriores o interiores.

Muros exteriores

Son aquellos paramentos cuya función principal es actuar como cerramiento exterior, es decir, como cierre y terminación del edificio.

Además de cerramiento exterior, cumplirá una función protectora ante los agentes externos, sobre todo, de las inclemencias climáticas, caso de temperaturas extremas, el agua de lluvia y el viento, pero también de otros factores como el ruido.

Muro exterior de un edificio

? **Sabía que...**

La construcción de un muro exterior está influenciada por la zona donde se asienta la construcción.

Los principales materiales utilizados para el levantamiento de muros exteriores son ladrillos, bloques de hormigón y piedra.

Muros interiores

Son paredes cuya función principal es separar las estancias dentro de la construcción. En la mayoría de los casos, los muros interiores son tabiques, es decir, muros de cierta delgadez.

Aparte de su función separadora, los muros interiores también deben cumplir otras funciones: aislamiento acústico, aislamiento térmico, etc.

Es el ladrillo el principal material utilizado para levantar tabiques ya que supone una garantía de durabilidad y resistencia, tanto mecánica, como a impactos y cargas suspendidas. A todo ello, se une el excepcional comportamiento de los ladrillos ante el fuego.

Muro interior

 **Recuerde**

Según su localización, los muros se clasifican en exteriores e interiores.

Clasificación según su geometría

La última clasificación a realizar sobre las fábricas de albañilería se basará en la geometría de las mismas. En este sentido, las principales fábricas son muros de superficies planas y muros de superficies rectas.

Muros de superficies planas

Son aquellos muros que, como su propio nombre indica, poseen paramentos planos. Destacan los siguientes tipos:

- **Muros rectos:** sus paramentos son verticales y paralelos, teniendo el mismo grueso. Además, sus secciones transversales son iguales.
- **Muros de esviaje:** sus paramentos son verticales pero no paralelos, por lo que sus secciones transversales no son iguales.
- **Muros en talud:** los paramentos están inclinados, siendo iguales todas las secciones transversales.
- **Muros en rampa:** aquellos en los que la coronación está inclinada.

Local cuyos muros son rectos

Muros de superficies curvas

Se trata de aquellos muros donde los paramentos son superficies cilíndricas y paralelas.

Muro exterior de superficie curva

5. Aparejos: trabazón, juntas, terminología

El aparejo puede definirse como la distribución concreta que reciben los ladrillos, bloques o piedras en las diferentes hiladas en un muro, es decir, la disposición de estos en la pared.

En los aparejos es muy importante la **trabazón,** entendiendo esta como el enlace de los ladrillos, bloques o piedras. Por ello, hay que tener en cuenta que exista una trabazón adecuada, un buen enlace de cada hilada con la inmediatamente superior e inferior para, de esta manera, evitar la posible separación a causa de cargas anormales y/o imprevistas. De esta manera, se garantizará la unidad constructiva.

Muro de aparejo irregular

Las **juntas** pueden definirse como el espacio rellenado con mortero para unir las piezas. De acuerdo con la ubicación del aparejo en el muro, diferenciamos dos tipos de juntas:

- **Junta de tendel:** junta continua y horizontal situada entre dos hiladas.
- **Junta de llaga:** junta discontinua de una hilada a otra y vertical situada entre dos piezas sucesivas.

Junta de tendel y junta de llaga

ga

idel

Otra clasificación de las juntas puede realizarse desde el punto de vista del enrasamiento de estas, es decir, del nivel de alisamiento y aplanamiento de las juntas con respecto a la pared:

- **Junta enrasada:** las juntas se dejan a ras con la cara exterior de las piezas de la pared.
- **Junta rehundida:** las juntas se quedan hundidas con respecto al exterior de las piezas de la pared.
- **Junta a hueso:** se da cuando se utilizan ladrillos con una sección especial, en cuyo interior solo puede colocarse una mínima llaga de mortero.

 Nota

El grosor de las juntas depende de la plasticidad del mortero, siendo más gruesas las juntas cuanto menos grasienta sea la masa, y más delgadas, si el mortero es grasoso.

A continuación, se exponen una serie de aspectos a tener en cuenta para la correcta realización de una pared o muro, para que suba de forma homogénea en toda la altura:

- Las dimensiones que va a tener el muro.
- Hay que trabar las sucesivas hiladas para evitar la continuidad de las juntas verticales.

- Los encuentros con diferentes elementos.
- Los enjarjes.
- Los ladrillos se cortarán sin que queden fisuras, operación necesaria para formar las cabeceras, los ángulos y los encuentros entre muros.

La elección del tipo de aparejo puede depender de criterios estéticos (fábricas de cara vista), razones constructivas (función y grosor de pared) o, simplemente, de la costumbre de cada lugar.

5.1. Tipos de aparejos de ladrillos

Entre los distintos tipos de aparejos de ladrillos, podemos destacar los siguientes:

- **Simples:** los ladrillos se disponen de la misma forma en todas las hiladas respetando la trabazón.
- **De sogas:** muy utilizado en la realización de fachadas con ladrillos a cara vista, en todas las hiladas las piezas se colocan a soga, es decir, colocando los ladrillos en la horizontal por su lado más largo. Tienen un espesor de medio pie.

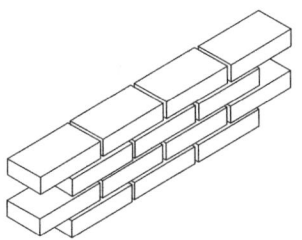

- **De tizones o a la española:** muy apropiado para muros con curvaturas. Todas las hiladas se colocan a tizón, es decir, colocando los ladrillos en la horizontal por su lado más corto. Tienen un espesor de 1 pie.

■ **De panderete:** la disposición de los ladrillos es *a panderete,* cuando se colocan las hiladas con la cara de mayor superficie a la vista. Se utiliza principalmente en las divisiones interiores de los edificios, es decir, en la ejecución de tabiques. Su espesor es el del grueso de la pieza, nunca utilizándose para absorber cargas.

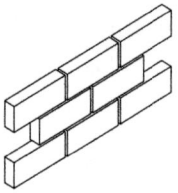

■ **A sardinel:** formado por piezas dispuestas *a sardinel,* es decir, de canto, de manera que se ven los tizones.

■ **Aparejo de espiga:** la disposición del ladrillo se realiza en forma de espiga o espina.

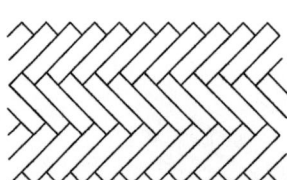 

■ **Compuestos:** la distribución de los ladrillos varía de unas hiladas a otras.

■ **Inglés:** se alterna una hilada a soga con una a tizón dando un espesor de 1 pie. Las juntas verticales deben coincidir entre las hiladas de tizón al igual que las hiladas de sogas. Este tipo de aparejo es muy empleado para muros portantes en fachadas de ladrillo cara vista. Su traba es mejor que el muro a tizones pero su puesta en obra es más complicada y requiere mano de obra más experimentada.

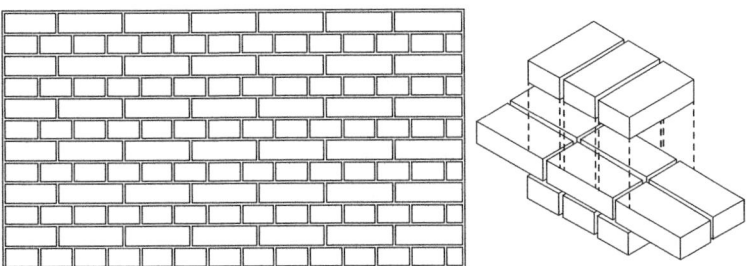

- **Belga:** es una variante del aparejo inglés, pero aquí las hiladas a soga no son siempre iguales, sino que están desplazadas en medio ladrillo, por lo que se repite la misma disposición cada varias hiladas (1 pie).

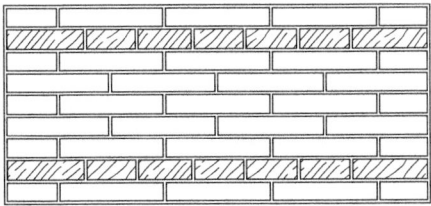

- **Holandés:** es aquel en el que se combinan las hiladas a tizón con las formadas por ladrillos a soga y a tizón alternados. Es decir, en una hilada, todos los ladrillos están a tizón, mientras que en la siguiente hilada hay un ladrillo a soga, el siguiente a tizón y de nuevo otro a soga, y así sucesivamente en toda la hilada. Este aparejo tiene una gran rigidez transversal (1 pie).

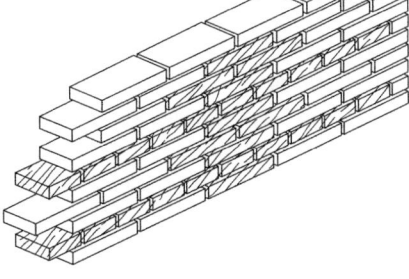

- **Flamenco:** es aquel en el que en todas sus hiladas se alternan los ladrillos dispuestos a tizón con los dispuestos a soga.

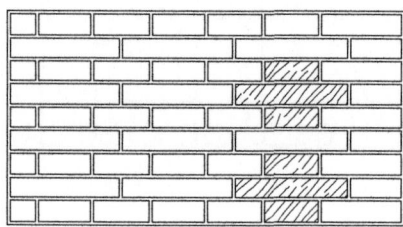

 Recuerde

Los distintos tipos de aparejos dependen de la disposición de los ladrillos.

 Aplicación práctica

Se dispone a realizar un muro de ladrillos con curvaturas. Indique algunos de los pasos a seguir y los aspectos a tener en cuenta.

SOLUCIÓN

- En primer lugar, hay que saber las dimensiones que tendrá el muro y, de esta manera, hacernos una idea mental de todo lo que conlleva: cantidad de mortero, ladrillos a emplear, etc.
- Elaborar un mortero adecuado.
- Realizar un muro de tizones o a la española, ya que es el más apropiado para el levantamiento de muros con curvaturas.
- Tener en cuenta los encuentros con los diferentes elementos, además de los enjarjes.
- Realizar los cortes de ladrillos con una cortadora de mesa para que los ladrillos cortados estén exentos de fisuras, hecho necesario para formar las cabeceras, los ángulos y los encuentros entre muros.

Espesor de las fábricas

Llegados a este punto, hay que hablar de las **hiladas básicas,** las cuales dependen solo del espesor de la fábrica y no del tipo de elementos construidos (muros, arcos o bóveda) ni del aparejo empleado. Los distintos espesores serán múltiplos de la soga o tizón del ladrillo, resultando así fábricas de medio, uno, uno y medio, dos, etc., pies de espesor.

Fábricas de medio pie

Solo se usarán hiladas a soga, pues el espesor impide emplear tizones. La hilada de soga está configurada como una continuidad de sogas a lo largo de la hilada.

Fábricas de un pie

- Hiladas de tizones, configuradas como una continuidad de tizones que abarcan el espesor total de la fábrica.
- Hiladas de soga, configuradas por ladrillos colocados a soga en ambos paramentos y que conforman el espesor de la fábrica.
- Hiladas alternas, configuradas alternando un módulo de hilada de soga y uno de tizones.

Fábricas de dos pies

- Hilada de tizones, aquí configurada como una doble continuidad de tizones.
- Hilada de soga, constituida a base de ladrillos colocados a soga en ambos paramentos y en el interior se disponen ladrillos a tizón.
- Hilada alterna. Se constituye alternando un módulo de tizón y uno de soga.

Fábricas de pie y medio

- Hilada de tizones. Se configura con tizones al paramento principal, completando el medio pie restante con sogas.

■ Hilada de soga. Se configura con sogas en el paramento principal, completando el medio pie restante con tizones.

■ Hilada alterna. En esta fábrica presenta su propia ordenación. El módulo de tizón lo constituyen dos ladrillos terciados y, el de soga, tres ladrillos.

Fábricas de dos pies y medio

■ Hilada de tizones. Se configura con doble hilada de tizones al paramento principal, completando el medio pie restante con sogas.

■ Hilada de soga. Se configura con doble hilada de sogas en el paramento principal, completando el medio pie restante con tizones.

■ Hilada alterna. Esta fábrica presenta su propia ordenación. El módulo de tizón lo conforman dos ladrillos terciados, uno en cada paramento, y uno entero dispuesto en el interior. El de soga, por cinco ladrillos.

Recuerde

Las hiladas básicas dependen solo del espesor de la fábrica y no del tipo de elementos construidos ni del aparejo empleado.

5.2. Tipos de aparejos de bloques

Al igual que la de ladrillos, la fábrica de bloque va aparejada, y se pueden disponer las piezas de distintas maneras.

Muro cuyo aparejo está dispuesto a soga

Los aparejos más usados al trabajar con bloques son:

■ **A soga:** en todas las hiladas se colocan los bloques en la horizontal por su lado más largo.
■ **A tizón:** en todas las hiladas se colocan los bloques en la horizontal por su lado más corto.

Hay que tener en cuenta que, siempre que queramos que el bloque quede visto, la modulación debe ser ajustada y precisa.

 Nota

Para construir un muro de bloques de hormigón, este tiene que ser arriostrado a cada lado de la junta de dilatación con pilares de hormigón o pilastras construidas con el mismo bloque. Estos pilares pueden ir incorporados al muro, rellenando los huecos de algunos bloques y con armaduras en su interior.

La trabazón o enlace de los bloques se puede complementar con el uso de armaduras dispuestas en el interior de las juntas horizontales.

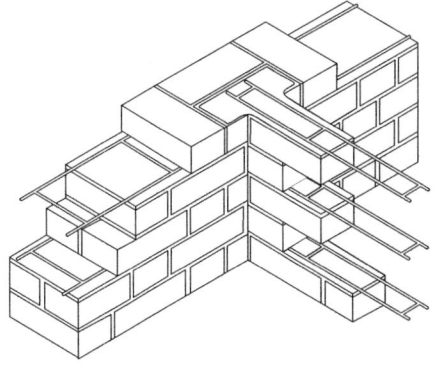 

Por último, mencionar una serie de recomendaciones para la fabricación de muros de hormigón:

- Debido a la rigidez de los bloques de hormigón, para trabajar con ellos se recomienda el uso de morteros mixtos (de cal y cemento) y que no sean muy resistentes. De esta manera, se intenta evitar **fisuras** en el muro.
- Deben preverse juntas de dilatación, considerando que la longitud de estos muros no debe superar dos veces su altura. En muros de bloques, las juntas de dilatación se colocan a menor distancia que en muros cerámicos, ya que el número de juntas es menor y el conjunto de fábrica es más rígida, con posibilidades de agrietarse.

 Recuerde

Para trabajar con bloques de hormigón, se recomienda el uso de morteros mixtos, es decir, compuestos de cal y cemento.

5.3. Tipos de aparejos de piedra

Los aparejos de piedra pueden estar dispuestos irregularmente o colocarse de manera regular, es decir, con piezas escuadradas, labradas y dispuestas de tal modo que sus caras formen entre sí ángulos uniformes.

Armaduras en el interior de las piezas

Teniendo en cuenta esto último, hay que decir que las piedras labradas a escuadra (paralelepípedo rectángulo) se denominan **sillares** y a la obra realiza con estos, **sillería.** Los sillares podemos dividirlos en grandes, medianos o pequeños (sillarejos).

Acueducto de Segovia: fue construido con sillares de granito asentados.

Sabía que...

Los sillares son utilizados desde la antigüedad, como es el caso de numerosas obras de ingeniería durante el Imperio Romano.

Según la disposición de los sillares, podemos diferenciar distintos aparejos de piedra. Entre ellos, destacan:

- **Isódomo:** colocado el sillar a lo ancho o a lo largo, todas las hiladas tienen que estar a la misma altura.
- **Seudo-Isódomo:** cuando las hiladas horizontales tienen alturas diferentes.
- **Almohadillado:** cuando las llagas (líneas de unión) de los sillares están hundidas con respecto a la cara del sillar, resaltando el paramento del sillar en su parte central.

- **Oblicuo:** cuando los sillares poseen forma de rombos.
- **De hojas de helecho:** cuando los sillares de la parte alta se colocan oblicuos con respecto a los de abajo.

6. Muros. Clasificación, características y propiedades

El muro, al cumplir funciones como cerramiento, sustentación, etc., es uno de los elementos más importantes en una obra de construcción, por lo que el alumno debe tener un buen conocimiento sobre este, su clasificación, sus características principales y sus propiedades.

Por esta razón, a continuación, se analiza con más profundidad, atendiendo a su clasificación según su función, según el número de hojas y según su colocación.

6.1. Clasificación, características y propiedades

En construcción, se puede definir muro como una obra realizada, entre otras cosas, para contener, cerrar un espacio o sostener cargas.

Los muros son esenciales en cualquier obra de construcción

Antes de describir distintos tipos de muros, vamos a analizar las **partes** que lo conforman:

- **Puntera:** parte de la base del muro (cimiento) que queda debajo del intradós y no introducida bajo el terreno contenido.
- **Tacón:** parte del cimiento que se introduce en el suelo para ofrecer una mayor sujeción.
- **Talón:** parte del cimiento opuesta a la puntera. Queda por debajo del trasdós y bajo el terreno contenido.
- **Alzado o cuerpo:** parte del muro que se levanta a partir de los cimientos de este, y que tiene una altura y un grosor determinados en función de la carga a soportar.
- **Intradós:** superficie externa del alzado.
- **Trasdós:** superficie interna del alzado. Está en contacto con el terreno contenido.

 Recuerde

La altura y el grosor del muro irán en función de la carga a soportar.

Muchos son los tipos de muros que podemos encontrarnos. La clasificación de estos puede realizarse según distintos aspectos.

Muros según su función

Distintos tipos de muros hay, incluso distintas clasificaciones de los mismos, ya que en ello entran en juego diferentes factores.

Teniendo en cuenta la función que cumplen, los principales muros son los de cerramiento, los de sostenimiento, los de contención, los divisorios, los de revestimiento y los de carga.

Muro de cerramiento

Se suele utilizar como muro de separación o vallado de propiedades, terrenos y solares, es decir, su función principal será de divisorio.

Muro de cerramiento

 Nota

Un muro de cerramiento también tiene que actuar como aislante acústico, térmico y resistencia al fuego.

Muro de sostenimiento

Es aquel se construye separado del terreno natural dejando un espacio vacío que posteriormente se rellena con un material seleccionado, con el objeto de crear o ampliar la plataforma de una carretera, un camino, etc.

Muro de sostenimiento

Muro de contención

Se denomina muro de contención a un tipo de estructura rígida destinada a contener algún material (tierra o agua) o incluso al aire. Generalmente están sujetos a fricción en virtud de tener que soportar empujes horizontales.

Muro de contención

Muro divisorio

La función básica de este tipo de muro es aislar o separar, debiendo tener características tales como acústicas y térmicas, impermeable, resistencia a la fricción o impactos y servir de aislantes.

Muro divisorio

Muro de revestimiento

Muro de hormigón o albañilería que sirve como protector contra la intemperie, pero que no soporta esfuerzo lateral alguno.

Muro revestimiento

Muro de carga

La función básica de los muros de carga es soportar cargas y esfuerzos de comprensión, por lo que podemos afirmar que es elemento sujeto a compresión. Las características del material para este tipo de muro deben estudiarse concientemente para trabajos mecánicos.

Muro de carga

Como elementos portantes o de carga, reciben las acciones trasmitidas directamente en su coronación por el tramo superior del muro y por el forjado que en él se apoya.

 Nota

En la coronación del muro se apoyarán las viguetas que conformarán el forjado y además se ejecutará un zuncho de borde con las armaduras que se especifiquen en el proyecto. Finalmente se hormigonará todo el conjunto a la vez.

Muros según el número de hojas

El número de hojas del muro es otro factor que podemos tener en cuenta a la hora de realizar la tipología de muros.

De una hoja

Estos a su vez pueden ser:

- **Aparejado:** es ejecutado y trabado en todo su espesor con una sola clase de ladrillos.
- **Verdugado:** es ejecutado y trabado en todo su espesor con dos clases de ladrillos. Las hiladas más resistentes llamadas verdugadas (2 hiladas) se ejecutarán con ladrillos más resistentes, mientras que el resto de hiladas, llamadas **témpanos** (8 hiladas), se ejecutarán con ladrillos normales.
- **Apilastrado:** es ejecutado con resaltos de pilastras simultáneamente al muro y trabados a él.

De dos hojas

Distinguimos los siguientes:

- **Doblado:** está constituido por dos hojas adosadas, es decir, dos fábricas, de la misma o distinta clase de ladrillo y se ejecutarán simultáneamente, con elementos que las unen (llaves) y las hacen solidarias.
- **Capuchino:** es constituido por dos hojas de la misma o distinta clase de ladrillo, con cámara intermedia, con elementos que las unen y hacen solidarias. El ancho de la cámara interior no será mayor de 11 cm, siendo recomendable anchos de 3, 5, 6 y 8 cm.

Muros según su colocación

La última clasificación de muros la podemos realizar teniendo en cuenta la forma de colocación del tabique. Así distinguimos los siguientes.

Muro capuchino

Es el formado por dos muros de una hoja paralelos, eficazmente enlazados por llaves, conectores o armaduras de tendeles con una o ambas hojas soportando cargas verticales, y se utiliza como muro divisorio.

Muro al hilo

Se le da este nombre al muro cuya disposición de elementos se hace en sentido longitudinal. Presenta caras interiores y exteriores.

Muro a tizón

En este tipo de muro, los tabiques se colocan en forma transversal presentando también caras interiores y exteriores.

Muro combinado

Es la combinación de los tres anteriores.

Muro hueco

La colocación de los tabiques forman huecos interiores o cámaras de aire, por lo que es un tipo de muro utilizado como aislante. Esta clase de muro puede construirse al hilo, capuchino, a tizón o combinado.

 Aplicación práctica

Teniendo en cuenta que vamos a realizar la edificación de una casa, donde los muros son una parte esencial, analice las partes principales de estos.

SOLUCIÓN

▮ Puntera: parte de la base del muro (cimiento) que queda debajo del intradós y no introducida bajo el terreno contenido.
▮ Tacón: parte del cimiento que se introduce en el suelo para ofrecer una mayor sujeción.
▮ Talón: parte del cimiento opuesta a la puntera, que queda por debajo del trasdós y bajo el terreno contenido.
▮ Alzado o cuerpo: parte del muro que se levanta a partir de los cimientos de este, y que tiene una altura y un grosor determinados en función de la carga a soportar.
▮ Intradós: superficie externa del alzado.
▮ Trasdós: superficie interna del alzado, está en contacto con el terreno contenido.

7. Fachadas. Muros de cerramiento. Composición y propiedades

En construcción, conocemos como cerramiento al sistema constructivo que recubre exteriormente el edificio, pudiendo distinguirse entre cerramientos verticales (fachadas y medianeras) y horizontales e inclinados (cubiertas planas e inclinadas).

 Sabía que...

Antes del nacimiento de las estructuras entramadas de hormigón, el muro era un elemento de cerramiento con función portante.

En la actualidad, la función portante y de cerramiento del muro se ha delegado a elementos diferentes. De tal modo que, los sistemas constructivos empleados en la construcción de las fachadas utilizarán materiales específicos, cada uno de los cuales es capaz de hacer frente a exigencias requeridas en el proyecto de edificación, hasta tal punto que, lo que se suele denominar muros de cerramiento, en realidad, no son sistemas con capacidad portante, ya que esa función está encomendada a la estructura, y la fachada queda insertada entre los elementos de ésta.

En este sentido, la función principal del cerramiento de fachada ha pasado a ser la ambiental, es decir, servir de protección entre el medio exterior y el interior del edificio, y así crear unas condiciones interiores de habitabilidad y confort. Por ello, las exigencias de un cerramiento de fachada son más concretas y básicamente se centran en satisfacer los requerimientos de aislamiento y protección, actuando como frontera entre el espacio interior y exterior del edificio, por lo que podemos sintetizar en tres los requisitos fundamentales:

- Primero, su propia estabilidad o un sistema que se la proporcione.
- En segundo lugar, deben defender al edificio de las acciones exteriores para crear un ambiente interior habitable.

- Por último, han de conformar la visión exterior del edificio y contribuir a la creación del paisaje urbano.

No obstante, además de lo especificado en el punto anterior, las fachadas, como sistemas constructivos, deben cumplir otros requisitos esenciales que son exigidos para las obras de edificación por el Reglamento Europeo de productos de construcción (Reglamento (UE) 305/2011). Estas exigencias se concretan en:

a. **Resistencia mecánica y estabilidad:** resistencia frente a las condiciones climatológicas tales como la lluvia y el viento. Se consigue aumentando el espesor del muro y trabando la fachada con los elementos estructurales o arriostrando con los tabiques transversales pero siempre en condiciones de compatibilidad y estabilidad.

b. **Seguridad en caso de incendio:** cumpliendo los requerimientos establecidos en el Código Técnico de la Edificación, el cerramiento debe mantenerse estable para la protección de los usuarios de la edificación y, a su vez, impedir que el fuego se propague a otras edificaciones.

c. **Higiene, salud y medio ambiente:** se debe proporcionar luz natural y facilitar la ventilación de las estancias mediante huecos en la fachada (ventanas y puertas). Además, se debe usar una línea de materiales de construcción sostenible y tener en consideración que estos conformarán el paisaje urbano de las ciudades.

d. **Seguridad y accesibilidad de utilización:** deben proteger a los usuarios y sus bienes y evitar elementos escalables o que tengan filos cortantes.

e. **Protección contra el ruido:** el objetivo es aislar a los usuarios de los ruidos exteriores y a su vez aislar de los ruidos producidos en el interior a las viviendas colindantes.

f. **Ahorro de energía y aislamiento térmico:** mediante el aislamiento térmico se conseguirá la habitabilidad interior frente a las condiciones climatológicas desfavorables, evitando así la entrada de agua y temperaturas elevadas.

g. **Utilización sostenible de los recursos naturales:** las obras deberán proyectarse, construirse y demolerse de forma que el uso de los recursos naturales sea sostenible y garantice la reutilización y la reciclabilidad, los materiales y las partes de las obras tras la demolición; la durabilidad de las obras; la utilización de materias primas y materiales secundarios que sean compatibles desde el punto de vista medioambiental.

Recuerde

Los denominados muros de cerramiento, en realidad, no son sistemas con capacidad portante, ya que esa función está encomendada a la estructura. La función principal del cerramiento es servir como protector al interior del edificio.

Nota

Las fachadas y medianeras colindantes a otros edificios deben cumplir el parámetro RF-120 (Resistencia al fuego 120 minutos).

7.1. Tipos de fachadas

Las fachadas se pueden tipificar según su función, acabados y materiales empleados para su construcción. A su vez, pueden combinarse entre sí para conseguir el resultado que se desea en función de las características de diseño, de tal manera que tendremos la siguiente tipología:

- **Muros de carga (portantes):** tendrán una función autoportante y además están sometidos a acciones exteriores de cargas y empujes.
- **Muros de cerramiento (aislantes):** su función será la de divisorio, aislante acústico, térmico y resistencia al fuego.
- **Muros de carga y cerramiento (portantes y aislantes):** es la combinación de ambos con sus funciones portantes y aislantes.

Desde el punto de vista de acabados y conjuntamente a la tipología especificada anteriormente, haremos una distinción entre fachadas:

- **Fachada de cara vista:** la terminación final de la fachada será ejecutada mediante unos ladrillos cerámicos con un acabado refinado y con juntas de mortero de espesor constante, sin necesidad de otro tipo de revestimiento, o bien con un ladrillo de tejar o manual de tipo artesano, con formas toscas y caras rugosas.
- **Fachada revestida:** la terminación final de la fachada será ejecutada con ladrillos cerámicos perforados (huecos o de bloques de termoarcilla) u hormigón. En cualquiera de los casos, el revestimiento se realizará con una capa de mortero de cemento (enfoscados) y un acabado final con pintura.

7.2. Muros de cerramiento

Un muro de cerramiento es aquella construcción realizada generalmente para delimitar un terreno de otro, pero también ejerce como elemento protector ante las inclemencias climáticas y como elemento de seguridad.

 Nota

Cuando la estructura entramada actúa como elemento resistente, el muro pierde su función portante, por lo que solo se le exigen funciones de cerramiento, aislamiento y protección. Para esta función usaremos muros con cámara.

Desde el punto de vista mecánico, se le sigue exigiendo capacidad autoportante, resistencia al viento, dureza y capacidad de absorber las deformaciones producidas por la estructura. Visto desde esta perspectiva, podríamos decir que el cerramiento actual es un muro entramado con una combinación de cualidades resistentes y aislantes.

Para obtener estas cualidades se han buscado soluciones que resuelven el cerramiento a partir de disposiciones variables y alternando la colocación de las distintas hojas que la conforman.

Ejemplo

Las dos hojas pueden sustentarse en el forjado, o sustentar la interior y hacer la exterior autoportante, o plantear un sistema adherido. También podemos mantener sustentada la hoja interna sobre el forjado y colgar la hoja exterior anclándola a la estructura o a la hoja interna.

La solución más común se plantea mediante el uso de una citara de ladrillo hueco doble o macizo perforado, de medio pie de espesor, una cámara, generalmente con aislante térmico y un tabique interior realizado con ladrillo hueco simple. Todo el conjunto irá apoyado sobre cada forjado.

Esta u otra solución debe analizarse a partir de los materiales que conformen las hojas ya que, en función de estos, tendremos procesos de ejecución diferentes (fabricas vistas, fabricas de ladrillos para revestir, bloques de hormigón o cerámicos, etc.). Unos materiales serán más idóneos para la hoja externa, la cual puede proporcionar la impermeabilidad, o estar dotada de una gran inercia térmica, poseer un aislamiento acústico importante, etc., mientras que para la hoja interior se pueden elegir materiales más económicos.

Sea cual sea la solución elegida, hay que tener cuenta una serie de principios en su construcción:

- Evitar al máximo el contacto de las dos hojas. Si es imposible el elemento interior debe protegerse con impermeabilizante.
- Evacuar al exterior el agua que pueda faltar en la cámara para que no llegue a la cara interior.
- Conseguir la estabilidad de las dos hojas.

La función básica de una cámara de aire en un cerramiento es hacer de barrera de corte al paso de posibles filtraciones del exterior.

La dimensión mínima de la cámara de aire estará comprendida entre 3 y 5 cm, no siendo idóneas las grandes dimensiones (> 7 cm), pues obligaría a su ventilación a causa de la convención de aire por la diferencia de temperatura que se produce.

Cuando en la cámara se coloca un aislante térmico, es recomendable que esté separado de la hoja exterior para que no pierda su eficacia en el supuesto de filtración de agua por la hoja exterior. El aislamiento será aún más eficaz si la cámara está ventilada y permite la evacuación del agua infiltrada por la hoja exterior.

 Nota

Si le aplicamos una capa de mortero (embarrado) a la cara interior de la hoja exterior del cerramiento, aumentaríamos considerablemente la eficacia del aislamiento, incluso dota de más rigidez a nuestra fábrica mejorando su comportamiento mecánico.

Las zonas de alto grado de humedad relativa también pueden verse afectadas por humedades de condensación y perder su eficacia, si se coloca por el interior y en contacto con la segunda hoja, por lo que debe usarse una barrera de vapor en la cara interna del aislante térmico.

Pero el mayor inconveniente de los muros de cerramiento de doble hoja son los puentes térmicos. Estos suelen encontrarse a su paso por los forjados, en la unión con las puertas y ventanas, en zonas de cubiertas y voladizos, fijaciones y paso de instalaciones.

Nota

Para evacuar el agua de infiltración es costumbre realizar una media caña impermeabilizada que drena el agua que ha podido penetrar hacia el paramento exterior por medio de aberturas (llagas en la base sin rejuntar) o mediante la colocación de tubos de plásticos en la base, que además ventilan la cámara preservando el material aislante.

 Aplicación práctica

La dirección de la obra nos exige la construcción de un muro de cerramiento con las siguientes características: capacidad autoportante, resistencia al viento, dureza y capacidad de absorber las deformaciones producidas por la estructura. Describa la solución más adecuada que debemos dar.

SOLUCIÓN

La solución más común y adecuada sería el uso de una citara de ladrillo hueco doble o macizo perforado, de medio pie de espesor, una cámara, generalmente con aislante térmico y un tabique interior realizado con ladrillo hueco simple. Todo el conjunto irá apoyado sobre cada forjado.

Esta solución debe analizarse a partir de los materiales que conformen las hojas ya que, en función de estos, tendremos diferentes procesos de ejecución: fábricas vistas, fábricas de ladrillos para revestir, bloques de hormigón o cerámicos, etc.

Existe una gran variedad de materiales de aislamientos para cámaras, por lo que se escogerá un tipo u otro según las exigencias de la obra dictadas por el proyectista. Los más usados son:

- Poliuretano proyectado.
- Poliestireno expandido.
- Lanas minerales.

Por último, la hoja interior del cerramiento se realizará con una fábrica cerámica o bien con laminados de yeso.

En la fábrica de cerámica, lo usual para estos casos es usar un tabique de ladrillo hueco sencillo colocado a panderete. Sin embargo, para grandes alturas o cuando vayan a alojarse instalaciones se recomienda usar tabiques huecos dobles.

Actualmente se usan ladrillos cerámicos de gran formato, ya que son más resistentes y favorecen la apertura de rozas para el paso de instalaciones sin que se debilite. Su colocación es más rápida pero tienen el inconveniente de ser elementos pesados.

En todos ellos es recomendable trabarlos con la hoja exterior siempre procurando evitar los puentes térmicos.

Los laminados de yeso o tabique seco pueden realizarse directamente con un trasdosado o bien con un tabique entramado. Este tipo de tabiques tiene la ventaja de la rapidez de ejecución, además de aportar mejores cualidades acústico-térmicas.

Los puntos singulares, como puertas y ventanas, se harán con un dintel, el cual puede ejecutarse de distintos modos: con dinteles prefabricados de hormigón armado, con plancha metálica (redondos soldados para arriostrar), de piedra artificial, colocando ladrillos a sardinel o a rosca, pasando redondos por las perforaciones, ejecutando un cargadero de hormigón armado aplacándolo luego con cara vista, etc.

8. Procesos y condiciones de seguridad que deben cumplirse en las operaciones de fábricas de albañilería para revestir

Pese a la mecanización, la construcción sigue siendo uno de los principales consumidores de mano de obra; esto, junto a la peligrosidad de las tareas realizadas, hace que el sector de la construcción arroje unas importantes cifras de accidentes, muchos de ellos de graves, incluso fatales. A la alta tasa de accidentes contribuyen características inherentes a la construcción:

- Gran cantidad de empresas subcontratadas y trabajadores independientes.
- Diversidad de las tareas (oficios y ocupaciones).
- Alta rotación de los muchos trabajadores.
- Trabajos a la intemperie.
- Etc.

Por todo ello, la seguridad en las obras de construcción debe ser una realidad.

8.1. Causas y factores de riesgo

Las principales causas que provocan accidentes, enfermedades u otras patologías pueden dividirse en dos grandes bloques:

- **Causas humanas:** falta de concentración, alto ritmo de trabajo, irresponsabilidad por ingerir alcohol y/o drogas, no utilización de EPI, etc.
- **Causas materiales:** suelo húmedo o en mal estado, espacios reducidos, deficiente iluminación, malas condiciones termohigrométricas, incorrecta instalación o puesta en funcionamiento de los sistemas de protección colectiva, falta de equipos de protección individual...

 Definición

EPI
Equipo/s de protección individual.

Mencionadas las causas, hay que citar las principales circunstancias que provocan o aumentan la posibilidad de daños, es decir, los factores de riesgo más habituales. Entre los generados directamente por la tarea en sí destacan:

- Necesidad de trabajar en altura.
- Uso y manipulación de productos peligrosos.

- Necesidad de manejar máquinas, equipos y herramientas cortantes.
- Necesidad de manejar manualmente la carga.
- Etc.

8.2. Seguridad durante las operaciones de fábricas de albañilería para revestir

Los trabajos realizados durante el levantamiento de fábricas de albañilería conllevan sus riesgos. Por ello, hay que tener en cuenta una serie de medidas, casi todas ellas relacionadas con la seguridad ante posibles accidentes. A continuación, serán citadas las medidas a tomar ante los principales riesgos.

Si el riesgo es de accidente por la posible caída a distinto nivel hay que tomar las siguientes medidas preventivas:

- Las plataformas, andamios y pasarelas, además de desniveles, huecos y aberturas existentes, que puedan dar lugar a caídas de altura superior a 2 m, se protegerán mediante barandillas. Estas deben ser resistentes, con una altura mínima de 90 cm, un rodapié de 15 cm y una barra intermedia.
- Los andamios serán inspeccionados por una persona competente antes de su puesta en servicio, a intervalos periódicos y también siempre que se produzca una modificación, período de no utilización, exposición a la intemperie, fuertes rachas de viento o cualquier circunstancia que hubiera podido afectar a su resistencia y/o estabilidad.
- Las tareas en altura, en principio, solo se realizarán con aquellos equipos concebidos para tal fin o utilizando dispositivos de protección colectiva (barandillas, plataformas o redes de seguridad).
- Utilizar los debidos EPI.
- Comprobar diariamente, antes de comenzar la jornada laboral, el correcto estado de los elementos de los andamios y su estabilidad.
- No sobrepasar la carga máxima a soportar por la estructura.
- No acumular carga ni juntarse trabajadores en una misma zona de la plataforma de trabajo. Se evitará la utilización simultánea por parte de dos o más trabajadores de las pasarelas o escaleras.

- Realizar las tareas debidamente, no tomando riesgos innecesarios. Además, no se puede correr, saltar, cometer imprudencias, depositar violentamente carga sobre la plataforma, etc.
- Acceder a la zona de trabajo de los andamios por las escaleras o pasarelas instaladas al efecto.
- Jamás subirse o apoyarse en las barandillas de seguridad de los andamios.
- Suspender los trabajos sobre andamios en caso de fuertes lluvias o viento superior a los 50 km/h.

 Importante

Antes de bajar del andamio, se retirarán todas las herramientas y materiales que puedan caerse.

Ante el riesgo de accidente por la posible caída al mismo nivel hay que tomar las siguientes medidas preventivas:

- Mantener limpio, ordenado y libre de objetos el suelo de las zonas de trabajo y de paso.
- Depositar los desperdicios en recipientes adecuados.
- Si el suelo se encuentra mojado, hay que señalizar la zona. Los desperdicios y/o derrames se recogerán rápidamente.
- Si el suelo es resbaladizo, hay que extremar las precauciones. Además, hay que arreglarlo lo antes posible porque debe ser antideslizante.
- Si hay diferencias de nivel entre distintas zonas, hay que instalar rampas suaves.
- Si se transporta manualmente una carga hay que mirar siempre por dónde se camina y retirar aquellos obstáculos que resten visibilidad.
- Utilizar calzado con la suela adecuada.
- Los lugares de trabajo y de paso deben estar bien iluminados.
- No puede haber cables por el suelo.

Ante el riesgo de accidente al pisar sobre objetos y chocar contra objetos inmóviles hay que tomar las siguientes medidas preventivas:

- Hay que mantener limpia, ordenada y libre de obstáculos las zonas de trabajo y de paso.
- Respetar la superficie libre por trabajador, mínimo 2 m².
- Los pasillos tendrán una anchura mínima de 1 m.
- Las vías de acceso a los puestos de trabajo permitirán el acceso del usuario sin dificultad.
- El suelo será antideslizante.
- Los desperdicios se recogerán rápidamente.
- La iluminación será la idónea.

Ante el riesgo de sufrir cortes los trabajadores deben tomar las siguientes medidas preventivas:

- Cerciorarse que las partes cortantes de las máquinas están protegidas.
- No retirar las protecciones de las partes cortantes de las máquinas y herramientas.
- No retirar las protecciones de las partes móviles de las máquinas.
- Utilizar, en caso necesario, guantes ante riesgos mecánicos.
- Almacenar las herramientas en el lugar adecuado: en cinturones porta-herramientas...
- Utilizar las herramientas según el uso para el que han sido diseñadas.
- Retirar aquellas herramientas que se encuentren en mal estado.
- Establecer un programa de mantenimiento de las máquinas y herra-mientas: reparación, afilado...
- Iluminar adecuadamente la zona de trabajo.
- Utilizar los apropiados EPI, caso de guantes y botas.

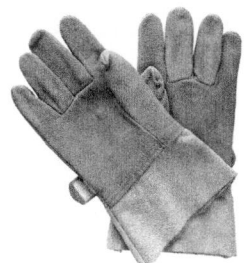

*Guantes
para riesgos
mecánicos*

Recuerde

Las herramientas solo se usarán en aquellos trabajos para los que han sido diseñadas.

9. Particiones. Tabiquería

En edificación se denominan **particiones** a los sistemas constructivos que se emplean para realizar divisiones interiores.

Es el tabique el sistema constructivo utilizado para la realización de particiones. Este puede definirse como una pared, más bien delgada, que sirve para separar estancias interiores. Se trata de una división fija, sin función estructural, y su construcción se puede llevar a cabo con distintos materiales: ladrillos, placas de hormigón, placas de yeso, paneles prefabricados de cartón-yeso, etc.

Nota

Por lo general, las particiones son elementos superficiales planos y verticales, sin función estructural, por lo que deben ser ligeros pero también estables.

Entre las funciones básicas de las particiones pueden destacar las siguientes:

- **Distribución:** reparte o distribuye el espacio general en estancias independientes.
- **Seguridad:** al garantizar células estancas capaces de proteger los elementos que aloja y la intimidad de los usuarios.

- **Confort:** ya que proporciona a las estancias aislamiento térmico y acústico.
- **Servicio:** son utilizadas para alojar una serie de instalaciones (tuberías de fontanería, circuitos eléctricos, de telefonía, etc.), fijar los elementos practicables o soportar los acabados.

Exigencias acústicas de los tabiques y particiones

El aislamiento acústico se consigue mediante la utilización de determinados elementos constructivos que reducen los niveles de ruido en los recintos que separa.

Albañil levatando un tabique que reducirá el ruido entre distintas dependencias.

Podemos deducir que para separar recintos de un mismo uso se puede utilizar un tabique de ladrillo hueco sencillo. En cambio, para separar recintos habitables de recintos de instalaciones, o para separar propiedades, no es suficiente con una citara de ladrillo, por lo que hay que adoptar otro tipo de soluciones como:

- Separar las viviendas con una citara y un tabique pegados uno al otro.
- Separar las viviendas con un doble tabicón que albergue en la cámara una lámina acústica.
- Separar las viviendas con un tabicón y una placa de napa de poliéster de 4 cm y una placa de yeso de 15 mm.

Comportamiento ante el fuego

Hay que tener en cuenta que los tabiques no son elementos estructurales y que, por lo tanto, no contribuyen a mantener la estabilidad del edificio. Sin embargo, frente a la acción del fuego deben resistir el tiempo necesario para permitir la evacuación de los ocupantes del edificio.

Para hacernos una idea, los tabiques se califican en:

- Tabiques refractarios (RF 30).
- Tabiques resistentes al fuego (RF 60).
- Tabiques muy resistentes al fuego (RF 90).
- Tabiques altamente resistentes al fuego (RF 180).

Tipología de las particiones

Podemos clasificar las particiones en:

- Los **sistemas de albañilería,** que son básicamente las particiones de obra de fábrica, ya que se siguen para su construcción los procedimientos empleados por la albañilería, que están basados en la adición de elementos de pequeño, mediano y gran formato.
- Los **sistemas de carpintero,** formados a partir de estructuras entramadas y paneles con o sin sistemas de aislamiento y que pueden ser fijos o desmontables.

Particiones de ladrillo cerámico. Tipos y ejecución

Las particiones cerámicas son aquellas que se construyen a base de ladrillos cerámicos, adjuntados con mortero de cemento o con yeso.

Sabía que...

Las particiones de ladrillo cerámico es un sistema tradicional que actualmente en España sigue siendo el más utilizado.

La realización de rozas para la incorporación de las instalaciones (electricidad, agua, etc.) y los recortes de piezas para la adaptación dimensional provocan una gran cantidad de escombros, que dificultan y encarecen la obra. En la actualidad, se han ido incorporando sistemas de tabiquería que llevan incorporados el revestimiento de yeso final.

A continuación, podemos destacar una serie de **tipos** de particiones realizadas con ladrillos:

Tabique de panderete

Es el tipo de partición realizada con ladrillos de huecos sencillos de 4 cm de espesor colocados de canto, pudiendo llegar a 7 cm revistiendo sus caras. En su interior no deben colocarse conducciones, ya que para ello sería necesaria la apertura de regolas, las cuales destrozarían el tabique. Además, hay que comentar que cada 3 o 4 metros hay que arriostrar este tabique.

 Nota

El tabique de panderete se utiliza para realizar cualquier división (dependencias) dentro de una casa o local pero nunca debe ser utilizado para delimitar zonas húmedas como cuartos de baño o cocinas.

Tabicón

Para su realización, se emplean ladrillos de huecos dobles de 9 cm de espesor, pudiendo alcanzar los 12 cm al revestir sus dos caras. Al contrario que el anterior, es un tipo de partición muy adecuado para alojar instalaciones y dividir zonas húmedas.

 Nota

El tabicón puede construirse sin arriostramiento hasta 5 metros en todas las direcciones.

Citara

Se consigue con hiladas de ladrillos (huecos dobles o perforados de 11,5 cm de espesor), colocadas a soga, pudiendo llegar a 14,5 cm si se reviste por ambas caras. Las citaras se utilizan fundamentalmente como partición, separación entre espacios de distintos usuarios.

Citara para cuya construcción se utilizan ladrillos perforados

Tabique conejero

Es un tipo de tabique que se aligera colocando los ladrillos en 1/3 de la soga y que permite el paso del aire entre los espacios que divide. Se emplea básicamente en las cubiertas inclinadas para la formación pendiente.

Tabique conejero. En este caso, los ladrillos no se han separado para su construcción.

En cuanto a la **ejecución** de las particiones, el proceso es similar al de los muros y las fachadas. Sin embargo, habrá que tener en cuenta una serie de puntos referidos a las uniones con otros elementos:

I En las uniones con los techos, conviene dejar dos centímetros sin rellenar, para esperar a que el forjado tome su **flecha** y retacar la junta de unión con pasta de yeso.

I Con los elementos estructurales se debe dejar una holgura entre ambos. Por ejemplo, puede intercalarse una plancha de material elástico o una malla entre los distintos materiales con el fin de evitar fisuras. La solución clásica de unión de tabique y pilar es emparchar el pilar con rasillas y trabar estos ladrillos de emparchado con los del tabique.

I En las uniones con los cercos de carpintería es conveniente reforzar el dintel mediante un cargadero con apoyos de 10 cm mínimo. Si utilizamos premarco, ninguno de sus largueros debe sobresalir del hueco, introduciéndose en el paño de ladrillo para que no aparezcan fisuras. El cerco debe recibirse con pasta en el muro, utilizando patillas, clavos en forma de X, etc.

Por último, comentar que las rozas (canales que se realizan en las particiones para alojar las instalaciones) no deben superar los 4 cm en profundidad y los 8 cm en anchura. Además, solo deben realizarse en tabicones y citaras. Si fuese necesario realizar dos rozas en un mismo tabique, deben separarse al menos 50 cm.

 Aplicación práctica

Nos encontramos en el caso de tener que separar diferentes propiedades. ¿Cómo realizará la partición, con una citara de ladrillo o con otro tipo de solución?

SOLUCIÓN

En el caso de tener que separar propiedades, no es suficiente con una citara de ladrillo, por lo que habrá que utilizar otras opciones, tales como:

▌ Separar las viviendas con una citara y un tabique pegados uno al otro.
▌ Separar las viviendas con un doble tabicón que albergue en la cámara una lámina acústica.
▌ Separar las viviendas con un tabicón y una placa de napa de poliéster de 4 cm y una placa de yeso de 15 mm.

10. Resumen

Los trabajadores en la obra han de conocer todos los materiales; de esta manera, sabrán cuáles son los óptimos para un tipo concreto de trabajo. Son básicos en las fábricas a revestir ladrillos, bloques y morteros, debiendo conocerse perfectamente sus propiedades, principales características, etc.

Respecto a los sellos de calidad y a la homologación de marcas hay que tener en cuenta que tienen un mismo fin, es decir, la búsqueda de la calidad de los materiales de construcción. En el caso del cliente, ver un logotipo de calidad en el envase del producto significa fiabilidad, ya que los sellos son otorgados a productos que han sido controlados y revisados por el organismo certificador.

Por otro lado, hay que tener en cuenta que, dentro de las obras de construcción, pueden darse distintas fábricas de albañilería, entre las que destacan las fábricas a revestir y las fábricas vistas. Según su función hay muros de carga y muros divisorios, según la localización, muros interiores y exteriores, mientas que los muros planos y los curvos son los principales ejemplos de fábricas de albañilería según su geometría.

Cambiando de tema, hay que saber que existen diferentes formas de disponer el material que conforma las paredes, además de tener en cuenta la importancia del aparejo, trabazón, las juntas y los espesores.

En relación a los muros, son distintos los tipos que hay, cada uno de ellos adaptado a la función a realizar: de sostenimiento, de contención, divisorio, etc. Si hablamos de las cerramientos, pueden distinguirse entre los verticales (fachadas y medianeras) y los horizontales e inclinados (cubiertas planas e inclinadas), mientras que si nos referimos a la tabiquería hay que saber que hay diferentes tipos de tabiques para realizar las particiones, cada uno de ellos adecuado a una u otra situación.

Ejercicios de repaso y autoevaluación

1. El bloque de arcilla, ¿es mayor o menor que un ladrillo?

_____

_____

2. El más común de los bloques de hormigón para revestir es...

_____

_____

3. El Marcado CE podemos definirlo como un certificado que garantiza...

_____

_____

4. Los muros divisorios, además de realizar las particiones, ¿qué otras funciones tienen que cumplir?

_____

_____

5. El aparejo de soga es muy utilizado en las fábricas a cara vista. ¿Cómo se colocan las piezas?

_____

_____

6. El muro que soporta cargas y esfuerzos de comprensión se denomina...

_____

_____

7. ¿Cuáles son los tres requisitos principales del cerramiento de fachada?

_____

_____

8. Entre otras cosas, ¿cómo podemos aumentar considerablemente la eficacia del aislamiento?

_____

_____

9. Cite las funciones básicas de las particiones.

_____

_____

10. ¿Dónde se emplea básicamente el tabique conejero?

_____

_____

Capítulo 2

Ejecución de fabricas de ladrillos para revestir

Contenido

1. Introducción

Las fábricas de albañilería pueden ejecutarse con distintos materiales. Uno de ellos es el ladrillo, material de suma importancia dentro de cualquier obra.

Como es lógico, el levantamiento de una fábrica con ladrillos será el correcto si los trabajadores poseen los necesarios conocimientos y estos son aplicados adecuadamente. Los conocimientos deben ser amplios: procesos y condiciones de ejecución de las fábricas, correcta recepción y acopio de los ladrillos, la preparación y humectación de las piezas, la necesidad de colocar miras y plomos, dejar juntas entre los ladrillos, los encuentros con el forjado, etc.

Todo ello será analizado en profundidad a continuación.

2. Procesos y condiciones de ejecución de fábricas de ladrillos para revestir

A la hora de levantar una fábrica de ladrillos para revestir hay que tener en cuenta una serie de hechos, caso de las condiciones previas, las condiciones presentes en el momento de la ejecución y el proceso llevado a cabo.

2.1. Condiciones previas a la ejecución de la fábrica

Para levantar un muro de ladrillos, la superficie tiene que encontrarse completamente limpia y nivelada.

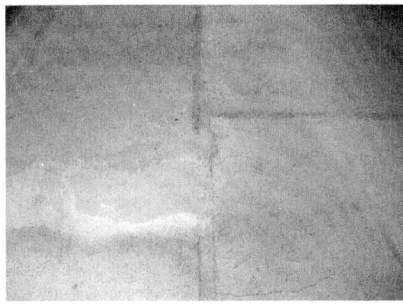

Superficie completamente limpia

Así, antes de proceder a la colocación de los ladrillos deben comprobarse estas condiciones:

- Si la superficie no se encuentra limpia, hay que proceder al limpiado de esta.
- Si la superficie no se encuentra nivelada porque contiene irregularidades, hay que utilizar mortero de cemento como relleno para nivelar.

De esta manera, se podrá realizar perfectamente el arranque de la fábrica.

2.2. Condiciones durante la ejecución de la fábrica

En primer lugar, comentar que, frente a posibles daños mecánicos producidos por los distintos trabajos que se estén realizando simultáneamente en la obra (vertido de hormigón, colocación de andamios, tráfico en la obra, etc.), se protegerán los elementos vulnerables como son huecos, aristas, zócalos, etc.

 Nota

Otro hecho a tener en cuenta es que para trabajar las fábricas la temperatura tiene que situarse entre los 5 y los 40 °C, por lo que, si se sobrepasan estos límites, un día después habrá que revisar la obra ejecutada.

Hay que tomar una serie de medidas contra los agentes atmosféricos:

- **Respecto al viento:** es muy importante mantener la estabilidad de las fábricas durante su construcción, utilizando los correspondientes arriostramientos cuando sean necesarios. En el caso de no poder garantizarse la estabilidad frente a acciones horizontales, se arriostrarán a elementos suficientemente sólidos.

- **Respecto a la lluvia:** las partes recién ejecutadas se protegerán con plásticos para evitar el lavado de los morteros.
- **Respecto al calor o la sequedad:** la fábrica recién ejecutada tiene que mojarse para mantenerla húmeda y evitar una evaporación del agua del mortero demasiado rápida, hasta que alcance la resistencia adecuada.
- **Respecto a las heladas:** si antes de comenzar el trabajo se ha producido una helada, habrá que inspeccionar las fábricas ejecutadas, debiendo demoler aquellas zonas afectadas que no garanticen la resistencia y durabilidad establecidas. Pero si la helada se produce una vez iniciado el trabajo, este se suspenderá, protegiendo la obra recién construida con mantas de aislante térmico o plásticos.

 Recuerde

Las condiciones de limpieza y nivelado de la fábrica deben comprobarse antes de comenzar la colocación de los ladrillos.

 Ejercicio práctico

Usted como profesional debe proceder al levantamiento de una fábrica de ladrillos para revestir. ¿Qué aspectos debe tener en cuenta y qué acciones hay que realizar para realizar perfectamente el arranque de la construcción?

SOLUCIÓN

Limpiar la superficie si esta se encuentra sucia.

Utilizar mortero de cemento como relleno para nivelar siempre que la superficie presente irregularidades.

Nota

Cuando el viento sea superior a 50 km/h, se suspenderán los trabajos y se asegurarán las fábricas de ladrillo realizadas.

2.3. Proceso de ejecución

El primer paso en el proceso de construcción del muro de ladrillos es el replanteo, siguiendo el plano del proyecto.

Seguidamente se colocan las miras perfectamente aplomadas y se marcarán las alturas de las hiladas.

Nota

Las miras se colocarán unas de otras a una distancia no superior a 4 metros.

Los ladrillos hay que mojarlos antes de su colocación para que no absorban el agua del mortero.

A continuación, se procederá a la colocación de la primera hilada, fijando los ladrillos con una capa de mortero de 1 o 2 cm de espesor, extendiéndose esta capa por toda la superficie de la fábrica.

Tanto esta primera hilada como el resto, se ejecutarán niveladas tomando como guía las lienzas que marcan la altura. Debemos colocar el hilo de la mira coincidiendo con la arista superior de la hilada que se vaya a ejecutar, sirviéndonos de referencia para garantizar la horizontalidad de esta.

Una vez que hayamos ejecutado la primera hilada situamos el hilo en la siguiente marca, procediendo a ejecutar la segunda hilada, y así sucesivamente.

Hay que estar atento para que la hilada que se esté ejecutando no se desplome sobre la anterior. Si durante la colocación de los ladrillos se da un movimiento de vaivén, redondeamos la capa de mortero, cuando este esté aún sin endurecer, con lo que se nos reduce enormemente su capacidad portante.

Otro hecho a tener en cuenta es que las fábricas hay que levantarlas por hiladas horizontales enteras, salvo que se ejecuten en distintas épocas. En este caso, hay que dejar escalonada la primera fábrica a la espera de ejecutar la otra, disponiendo entrantes (adarajas) y salientes (endejas) si el escalonado no fuese posible.

Hay que ofrecer soluciones a los encuentros de esquinas o con otras fábricas. Estos encuentros se harán mediante enjarjes en todo su espesor y en todas las hiladas.

Ladrillos dispuestos en la esquina mediante enjarjes

Los ladrillos se colocarán a restregón, utilizando suficiente mortero para que penetre en los huecos del ladrillo y las juntas queden rellenas. Se recogerán las rebabas de mortero sobrante en cada hilada.

Las dos caras del tabique deben quedar perfectamente planas, verticales y paralelas, por lo que hay que controlar habitualmente la horizontalidad y verticalidad del paramento ejecutado:

- **Verticalidad:** se comprueba mediante el uso de la plomada. Es conveniente comprobar con la plomada cada dos metros ya que, de esta manera, resultará más sencillo guardar la verticalidad del paramento.
- **Horizontalidad:** se comprueba colocando una regla sobre la última hilada ejecutada y, sobre ella, se coloca un nivel de burbuja. También, de vez en cuando, es conveniente realizar una comprobación de la horizontalidad con el hilo situado entre las miras.

Recuerde

Las juntas tienen que quedar totalmente rellenas.

3. Recepción y acopio de los materiales. Complementos

En primer lugar, hay que tener en cuenta que los ladrillos suelen llegar en distintas partidas, considerando una partida como un conjunto de ladrillos de la misma designación y procedencia que se recibe en la obra en una misma unidad de transporte.

Al igual que la mayoría de los materiales, los ladrillos llegan a la obra empaquetados y paletizados.

Ladrillos asegurados con flejes, esto es normal cuando están paletizados

Nota

El empaquetado tiene que ser no hermético para permitir la absorción de la humedad del ambiente por parte de los ladrillos.

El empaquetado y paletizado facilita la descarga de los ladrillos por medio de algún medio mecánico, por ejemplo, una carretilla elevadora. Es la mejor manera de descargar los ladrillos ya que el vuelco de estos desde la caja del camión provoca que un gran número de ladrillos sean rechazados por rotura o desconchado.

La carretilla elevadora posibilita descargar los ladrillos paletizados de forma óptima

Una mala praxis en la descarga puede resultar cara

Al descargar los palés, estos deben colocarse en zonas planas y, en caso de tener que colocarlos unos encima de otros, deben coincidir perfectamente para evitar vuelcos.

Palés acopiados sobre suele plano, unos encima de otros

Las características de los acopios dependerán de la zona donde se vayan a almacenar, es decir, sitios cerrados, abiertos, zonas de tránsito, etc.

- Si el acopio de ladrillos se va a realizar en un lugar cerrado, los palés se organizarán de tal manera que los trabajadores no tropiecen ni se golpeen. Además, la visibilidad del lugar será óptima.
- En sitios abiertos, el acopio se realizará de tal manera que los palés se vean claramente.
- Si el acopio se realiza en zonas de tránsito, se tendrán en cuenta las medidas de seguridad.

Un caso excepcional sería que la obra no permitiese almacenar con seguridad. En este caso, tendríamos que llevar los ladrillos en cantidades pequeñas al lugar de trabajo.

 Recuerde

El acopio de los materiales depende del lugar donde vayan a almacenarse.

3.1. Llegada y recepción de los ladrillos

Las fábricas de ladrillos colocarán y empaquetarán estos en palés de tal forma que puedan almacenarse con facilidad y con garantías de no ser alterados.

La recepción de los ladrillos debe satisfacer las condiciones que se exponen en el Código Técnico de Edificación.

Llegados los ladrillos a la obra, hay que tener en cuenta una serie de aspectos:

■ Es el personal que compone la dirección de la obra el que tiene que comprobar que se tratan de los ladrillos que hemos pedido. En caso de que el personal encargado de la dirección de la obra no se encuentre en el momento de la llegada del material, será un trabajador cualificado el que examine el material.

■ En los albaranes o en el empaquetado tiene que aparecer el nombre del fabricante y, en su caso, la marca comercial.

■ También debe figurar el tipo y clase de ladrillo, es decir, macizo, perforado o hueco, común o visto.

■ Otras características que indicará el albarán o el empaquetado son la resistencia a comprensión y las dimensiones nominales, expresadas en milímetros, referentes a soga, tizón y grueso

■ En el caso de que el material los tenga concedidos, los sellos de calidad (AENOR) también deben aparecer en el albarán o en el empaquetado.

Tras el análisis previo, la dirección de la obra tiene que examinar más a fondo el material:

■ Los ladrillos tienen que encontrarse en buen estado. Es importante disponer de una muestra de ladrillos tomados al azar que nos permita verificar el material.

- Tras la comprobación del estado del material y de la documentación, el personal directivo de obra puede aprobar la partida de ladrillos u ordenar ensayos de control. Si los resultados de los ensayos son negativos, se rechazará la partida.
- En el caso de que el material posea sellos de calidad, tipo AENOR, la dirección de obra puede que descarte los ensayos.
- La dirección de obra puede sustituir los ensayos por la presentación de certificados de ensayos, los cuales serán realizados por un laboratorio acreditado.
- Cualquier anomalía que se pueda ver en los ladrillos debe ser comunicada al fabricante.

3.2. Acopio de los ladrillos

Tras aceptar la partida de ladrillos, se realizará el acopio de estos, pudiéndose seguir las siguientes indicaciones:

- Los palés se descargarán en las plantas del edificio. Se acopiará el material cerca de los pilares para evitar la sobrecarga en los lugares de menor resistencia. Nunca se debe concentrar la carga sobre los vanos.
- Los palés tienen que ser distribuidos por las distintas plantas lo antes posible para evitar problemas de suciedad, desperfectos, etc.
- Hay que tener en cuenta que los ladrillos no deben colocarse en contacto directo con el suelo para evitar que absorban humedad, sales solubles, etc.
- La superficie sobre la que se apilarán los palés tiene que estar limpia. Además, tiene que ser una superficie plana y horizontal, exenta de agua y donde no se vayan a realizar otros trabajos que puedan dañar los ladrillos.
- Cuando haya que trasladar ladrillos de un lugar a otro, se realizará mediante medios mecánicos.
- Cuando se vayan a utilizar ladrillos hidrofugados, estos deben colocarse completamente secos. Para ello, es necesario quitar el plástico protector de los palés unos dos días antes de su utilización.

Palés colocados en el lugar donde van a necesitarse

Recuerde

Si los resultados de los ensayos sobre el material son negativos, se rechazará la partida.

Jamás se admitirá una partida de material si el resultado de los ensayos es negativo.

Aplicación práctica

Supongamos que llega una partida de ladrillos a la obra y ha salido todo el personal componente de la dirección de la obra. Si usted, como trabajador cualificado, es el encargado de supervisar la partida, ¿qué aspectos debe tener en cuenta?

SOLUCIÓN

- Hay que comprobar que en el albarán aparece el nombre del fabricante, la marca comercial, el tipo y clase de ladrillo, la resistencia a comprensión y las dimensiones nominales, además de los sellos de calidad (AENOR) en caso de que los tenga concedidos.
- Cerciorarse de que los ladrillos se encuentran en buen estado.

Continúa en página siguiente >>

<< Viene de página anterior

I Tras la comprobación visual del estado del material, la partida puede ser aprobada u ordenar ensayos de control. En el caso de que el material posea sellos de calidad, se pueden descartar los ensayos.

I Si los resultados de los ensayos son negativos, se rechazará la partida.

I Cualquier anomalía será comunicada al fabricante.

4. Aparejos. Modulación y replanteo en seco

La modulación y el replanteo son dos medidas o acciones de mucha importancia para la correcta ejecución de la obra ya que minimizará errores. Por esta razón, serán analizadas a continuación.

4.1. Modulación

De forma general, en construcción la modulación puede definirse como aquellas acciones y medidas tomadas para ordenar los espacios de la obra, lo cual permite que se realice con criterio el manejo del espacio y se reduzcan al máximo los desperdicios. De esta manera, la modulación modificará los factores existentes para que se de un óptimo proceso de construcción. Para ello es imprescindible encontrar una relación geométrica entre las partes, y de las partes con el conjunto de la obra. Además, la modulación estará sujeta a las normas de los sistemas y procesos constructivos, las limitaciones, etc.

 Nota

En ocasiones, no es necesario el cálculo a priori de las piezas, ya que se suelen replantear tantas piezas como quepan repartiéndolas adecuadamente.

Para levantar correctamente un muro o tabique de ladrillo, debe realizarse una correcta modulación, ya que los ladrillos tienen un tamaño determinado.

Lo habitual es que usemos ladrillos con formato métrico. El módulo base de la fábrica de ladrillo es el medio pie, adaptable sin grandes requisitos de ordenación a obras de considerable envergadura.

En algunos casos, las modulaciones aparecen en sistemas que permiten repetir de forma sistemática los mismos detalles sea cual sea el proyecto. Son construcciones donde el sistema se impone por encima de las particularidades del proyecto. Mantenerse dentro de este rigor les permite flexibilidad y adaptabilidad a los diferentes procesos en el tiempo, caso de los sistemas de entramados ligeros.

Analizando más en profundidad la modulación, hay que decir que el proyecto de obra tiene que contar con un estudio detallado de la distribución de ladrillos y juntas. Es decir, conociendo las dimensiones de los ladrillos y teniendo en cuenta el tamaño de las juntas de mortero, podemos proceder a una serie de módulos:

- **Módulo horizontal:** entre otras combinaciones, puede ser 1 soga + 1 junta, 2 tizones + 2 juntas o 4 gruesos + 4 juntas.
- **Módulo vertical:** puede ser 1 grueso + 1 junta.

A continuación, se muestran una serie de aspectos a tener en cuenta:

- Las dimensiones de los entrepaños de los muros deberán ser múltiplos del modulo horizontal menos una junta.
- Las dimensiones del ancho de los huecos deberán ser múltiplos del modulo horizontal más una junta.
- El replanteo permitirá variaciones hasta ± 10 mm entre ejes parciales, y ± 20 mm entre ejes extremos.

Conocida la modulación que debemos emplear, necesitamos que la fábrica de ladrillo esté trabada en todo su espesor, es decir, que esté aparejada.

Las soluciones y sistemas de aparejos son muy variadas y se puede optar por cualquiera que nos permita realizar bien el trabajo. En el levantamiento de una pared de ladrillos para revestir es necesaria la buena elección del tipo de aparejo pero no es tan importante como en el caso de las fachadas a cara vista, ya que en estas el aparejo elegido sí que es determinante en la imagen general del edificio.

4.2. Replanteo

El replanteo consiste en definir sobre el terreno las líneas y distribuciones reales que corresponden a las dibujadas en escala en los planos. *Grosso modo*, es la preparación del terreno para posteriormente levantar la construcción, siempre siguiendo el plano de la obra.

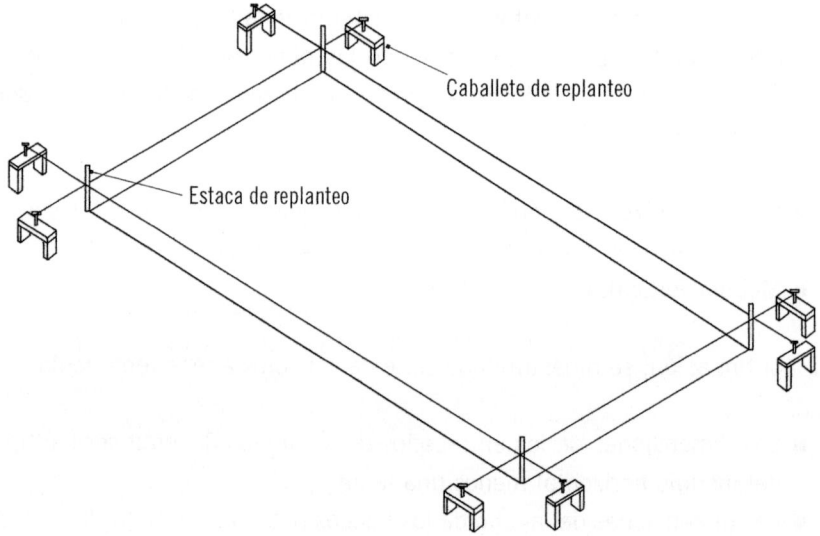

Una vez limpio y nivelado el plano de arranque, sobre este deben replantearse los muros. Para ello, se trazarán las plantas con el debido cuidado para que sus dimensiones se correspondan con las del proyecto. Mediante instrumentos como la bota (herramienta para marcar), la escuadra y el flexómetro se señalan las medidas que aparecen en el plano y posteriormente se levantarán las hiladas de los tabiques.

En el supuesto de varias plantas, el replanteo se realizará en cada una de ellas cuidando, más aún si cabe, su exactitud para evitar excentricidades no previstas en el proyecto.

Hay que tener en cuenta los emparchados de los cantos de forjado y forrado de pilares con rasillas cerámicas. Al replantear con los ladrillos en seco, se dispondrán sobresaliendo unos 4 cm hacia el exterior.

 Importante

En las fachadas a cara vista la elección del tipo de aparejo es muy importante ya que influye totalmente en la imagen del edificio.

Trazadas las plantas, el albañil procederá al replanteo de la primera hilada de la fábrica. Se escogerán piezas al azar, iniciándose por un extremo, colocando los ladrillos sin mortero, en seco, de acuerdo con la ordenación y el aparejo deseado. Los ladrillos de esta hilada se separarán entre sí con un escantillón que simule el espesor de la junta. Si al llegar al extremo contrario, la fábrica no coincide con las dimensiones requeridas, habrá que reajustar los espesores de junta hasta conseguir la organización ideal.

Sobre el replanteo en seco de esta primera hilada se resuelven los puntos singulares de la fábrica, tales como enlaces con otros muros, mochetas de huecos, etc., cuyas cotas han debido ser fijadas en el proyecto, en función de las del ladrillo y de las juntas que vayan a emplearse.

Recuerde

Antes de comenzar el replanteo, el plano de arranque tiene que encontrase limpio y nivelado.

Terminado el replanteo en seco, se procede a asentar la primera hilada con mortero colocándose las piezas necesarias en las esquinas y puntos singulares. Acto seguido, se ejecutarán dos o tres hiladas.

Llegado a este punto, se disponen reglas rectas, bien aplomadas, en las que se escantillan o marcan los gruesos de las hiladas (ladrillo + tendel). Al mismo tiempo, hay que nivelar, mediante una cuerda o cordel tensado. Así aseguramos la horizontalidad de las hiladas, la planeidad y verticalidad de los paramentos.

También se marcarán en las miras el enrase que debe tener la fábrica para apoyar cargaderos, arranques de arcos, antepechos de los huecos, etc. En las mochetas de estos y en los puntos de enlace con otros muros también se colocarán reglas para garantizar su correcta ejecución.

Recuerde

Los ladrillos utilizados en el replanteo tienen que colocarse sin mortero.

Por último, citar algunos detalles que no han sido comentados a la hora de realizar el replanteo:

- Se prestará especial atención a los huecos, debiendo hacerse el replanteo de los mismos en la primera hilada.
- Se tendrán en cuenta las tolerancias admisibles del ladrillo (sobre el valor nominal y la máxima dispersión del modelo elegido), determinando el espesor de la junta necesaria.
- Las juntas tendrán una distribución regular de igual espesor.
- La dimensión habitualmente empleada para el espesor de la junta estará comprendida entre 10 y 20 mm.

Sabía que...

Muchos replanteos demuestran que las mediciones que aparecen en los planos no se corresponden al 100 % con la realidad de la obra.

Aplicación práctica

Supongamos que debe preparar el terreno para posteriormente levantar la construcción siguiendo el plano de la obra, es decir, realizar el replanteo. ¿Qué pasos se deben seguir?

SOLUCIÓN

- Limpiar y nivelar el plano de arranque.
- Trazar las plantas con el debido cuidado para que sus dimensiones se correspondan con las del proyecto.
- Señalar las medidas que aparecen en el plano mediante instrumentos como la bota, la escuadra y el flexómetro.
- Levantar las hiladas de los tabiques.

5. Preparación y humectación de piezas

El ladrillo, como material cerámico que es, tiene una gran capacidad de succión de la humedad. Por ello, es esencial que se mojen los ladrillos antes de su colocación porque, si no lo hacemos, absorberán el agua que contiene el mortero, impidiendo que este fragüe y disminuyendo su resistencia.

El ladrillo posee una gran capacidad de succión

Por lo general, todos los ladrillos deben humedecerse antes de su puesta en obra, instantes antes de ser colocados. Hay que exceptuar a los ladrillos hidrofugados y aquellos cuya succión sea inferior a 0,10 g/cm^2 por minuto.

 Nota

Si utilizamos un mortero bastante fluido para compensar la succión de agua por parte del ladrillo, se corre el peligro de que este se escurra por las juntas y se produzcan retracciones de fraguado, provocando fisuras y penalizando la estanqueidad del muro.

Debemos controlar el grado de humedad del ladrillo, ya que la sequedad de este provocará la succión de agua y un exceso no dará una interacción óptima mortero-ladrillo. Con agua abundante en la superficie de los ladrillos, al entrar en contacto con el mortero, aumentará la proporción de agua de este. Así, puede impedirse la succión total o parcial por parte de los ladrillos, lo cuál dependerá del grado de colmatación de los poros superficiales de las piezas colocadas.

Por lo comentado anteriormente, resulta más idóneo saturar los ladrillos con suficiente antelación a su colocación, no utilizándolos hasta que desaparezca la película de agua superficial. De esta forma, se asegura la absorción a través de las paredes externas, lo que favorecerá su adherencia.

Por último, comentar que debido al rápido secado de los ladrillos, es recomendable que en el lugar de trabajo haya recipientes con agua para mantener la humedad de las piezas, como es el caso de cubos (baldes), barreños, etc.

Los cubos con agua son esenciales en toda obra, por ejemplo, para mantener la humedad de los ladrillos.

Tradicionalmente, los operarios de las obras han utilizado bidones vacíos y limpios y posteriormente llenados de agua para, entre otras cosas, mojar los ladrillos. Los ladrillos son introducidos en el agua cuando el albañil lo crea conveniente.

Introduciendo ladrillo en bidones con agua.

Aplicación práctica

Usted, como profesional de la construcción, debe saber que hay que humedecer los ladrillos para evitar que su sequedad succione el agua del mortero y provoque futuros problemas. Cite algunos consejos para la óptima humectación de los ladrillos.

SOLUCIÓN

▌ La cantidad de agua debe ser la óptima, ya que la escasa humectación provocará la succión del agua y un exceso no dará una interacción óptima mortero-ladrillo.
▌ Saturar los ladrillos con suficiente antelación a su colocación, no utilizándolos hasta que desaparezca la película de agua superficial.
▌ En el lugar de trabajo habrá recipientes con agua para mantener la humedad de las piezas, como es el caso de cubos, barreños, etc.

Recuerde

Es idóneo saturar los ladrillos con suficiente antelación a su colocación.

5.1. Fisuración de la fábrica de ladrillo

Aunque las fábricas de ladrillos no tienen problemas para resistir los esfuerzos de compresión, no ocurre lo mismo cuando tienen que soportar tracciones, siendo este el principal origen de aparición de grietas y fisuras.

Las grietas son hendiduras que atraviesan los ladrillos en todo su espesor mientras que las fisuras no los atraviesan completamente.

La aparición de grietas y fisuras, sobre todo, en las fachadas de los edificios, supone la existencia de puntos débiles a través de los cuales el agua de lluvia puede atravesar la pared y dar lugar a diversas patologías.

Tanto unas como otras afectan al conjunto de la fábrica porque, además del ladrillo, también atraviesa el mortero. Es la junta de ladrillo y mortero donde más se manifiesta la presencia de grietas y fisuras debido a:

- La falta de adherencia entre ambos, causada principalmente por el insuficiente humedecimiento de los ladrillos antes de ser colocados.
- El esfuerzo de tracción es superior al que la junta es capaz de soportar.

 Recuerde

La aparición de grietas y fisuras, sobre todo, en las fachadas de los edificios, supone la existencia de puntos débiles a través de los cuales el agua de lluvia puede atravesar la pared.

6. Colocación

Como es lógico, los ladrillos deben colocarse de forma correcta pero además es esencial colocar perfectamente y aplomadas las miras, las cuales servirán como referencia. Además, mediante una regla de albañil y el nivel de burbuja se garantizará la horizontalidad de las hiladas.

6.1. Colocación de miras y plomos

La mira puede definirse como un reglón que se fija verticalmente para que, al levantar un muro o tabique, y con ayuda de una cuerda, se vayan colocando óptimamente las hiladas de ladrillos.

Las miras deben estar bien aplomadas

Para ello, deben situarse bien aplomadas ya que, de esta manera, se asegurará la verticalidad del muro.

Para asegurar la verticalidad del muro el instrumento más utilizado es la plomada, también conocido como plomo. Se compone de una pesa cilíndrica o cónica de metal (generalmente de plomo) que se sujeta al extremo de una cuerda. El peso tensa la cuerda, quedando fija la pieza metálica y señalando la línea vertical.

La plomada, un utensilio imprescindible

A pesar de su simplicidad, la plomada es un utensilio extremadamente certero. Hace falta cierta práctica para impedir las oscilaciones y obtener lectura en pocos segundos pero, cuando se utiliza varias veces, se convierte en un instrumento imprescindible.

Volviendo a las miras, hay que decir que, tras conseguir su aplomo, hay que fijarlas, probablemente con masa de yeso ya que se trata de un material que seca rápidamente y, cuando se termina el trabajo, no es difícil desprenderse de él.

 Recuerde

La plomada es el utensilio más utilizado para asegurar la verticalidad de las miras.

Todas las caras de las miras tienen que situarse escuadras y nunca se superarán los 4 metros de distancia entre una y otra mira. Además, colocaremos miras en todas las esquinas, huecos, roturas o mochetas.

Miras colocadas en el hueco

Nota

Las miras se situarán a menos de 4 metros unas de otras.

Mediante las miras se marca la modulación vertical. Se sitúa un hilo relativamente tenso amarrado a dos miras consecutivas y apoyado sobre las marcas realizadas, convirtiéndose en la referencia para ejecutar las hiladas horizontales.

Por último, comentar que se definirá el plano de fachada mediante plomos que se bajarán desde la última planta hasta la primera, con marcas en cada uno de los pisos intermedios, dejándose referencias para que pueda ser reconstruido en cualquier momento el plano así definido.

 Aplicación práctica

Tenemos que levantar una pared de ladrillos y, como ya sabemos, en primer lugar, hay que colocar las miras. Cite los pasos a seguir y características de una óptima colocación de estas, además de la cuerda.

SOLUCIÓN

Con ayuda de otra persona:

1. Colocar las miras en posición vertical y perfectamente aplomadas, con la ayuda de la plomada.
2. Tras conseguir el aplomo, las miras hay que fijarlas con masa de yeso.
3. Las miras se colocarán unas de otras a una distancia máxima de 4 metros.
4. Se colocarán miras en todas las esquinas, huecos, roturas y mochetas.
5. Se realizarán marcas de referencia en las miras para ejecutar las hiladas horizontales.
6. Amarraremos el hilo relativamente tenso a dos miras consecutivas, situándolo sobre las marcas realizadas.

6.2. Colocación de los ladrillos

Antes de comenzar la colocación de los ladrillos, se tendrá en cuenta lo siguiente:

- Al igual que cuando trabajamos con azulejos, hay que mezclar ladrillos de paquetes distintos para conseguir la máxima homogeneidad en dimensiones y color.
- Hay que comprobar que la superficie de apoyo está totalmente nivelada y limpia de desperdicios, de escombros, etc., rellenando con mortero y rasando después las irregularidades. De esta manera, podremos arrancar correctamente el muro o tabique.
- Siempre que sea posible, las fábricas deben levantarse por hiladas horizontales en toda la extensión de la obra.

En primer lugar, se situará el hilo amarrado a las dos miras haciéndolo coincidir con el borde superior de la hilada a ejecutar, para que sirva de referencia a la hora garantizar la horizontalidad de la misma.

 Recuerde

Deben mezclarse ladrillos de paquetes distintos para conseguir la máxima homogeneidad en dimensiones y color.

Los ladrillos se colocarán siempre a restregón, es decir, poniendo los ladrillos en la fábrica restregándolos sobre una capa de mortero hasta que rebosa por las juntas. Para ello, el mortero se extenderá sobre la superficie preparada o la última hilada.

Albañil colocando ladrillos sobre una capa previa de mortero

Se utilizará la paleta para colocar la suficiente cantidad de mortero y así conseguir que las dimensiones del tendel y de la llaga sean las óptimas. Colocaremos el ladrillo sobre el mortero a unos cinco centímetros del ladrillo contiguo, se apretará verticalmente el ladrillo y se restregará, acercándolo al ladrillo ya colocado, hasta que el mortero rebose por la llaga y el tendel, quitando con la paleta el sobrante de mortero.

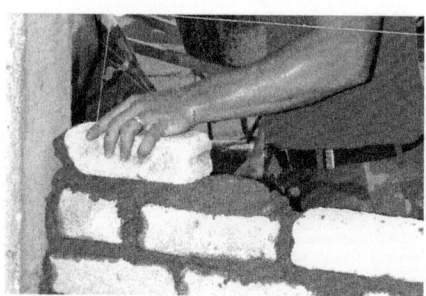

Las juntas deben quedar llenas.

Ningún ladrillo debe moverse y, si fuese necesario corregir alguno de ellos, se quitará retirando también el mortero.

Tras restregar los ladrillos, todas las juntas tienen que quedar totalmente llenas. En el caso de que alguna no quedase llena, se añadirá más mortero, apretándolo con la paleta.

Cuando se haya realizado la primera hilada, el hilo se colocará en la siguiente marca, comenzando la segunda hilada, y así sucesivamente.

Hilo que sirve como guía al albañil

Cuando se realicen cerramientos de dos hojas se recogerán las rebabas del mortero sobrante en cada hilada, evitando que caigan al fondo de la cámara.

Cuando dos partes de la fábrica hayan de levantarse en épocas distintas, se dejará escalonada la que se ejecute primero.

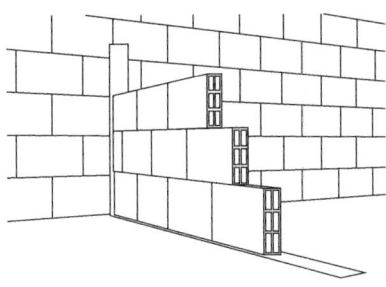

Si no fuese posible dejar escalonado el tabique, se dispondrán entrantes y salientes.

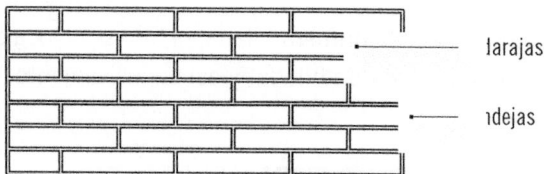

larajas

idejas

Las dos caras del muro tienen que quedar perfectamente planas, verticales y paralelas, por lo que hay que controlar la horizontalidad y verticalidad del paramento ejecutado de la siguiente manera:

- **Horizontalidad:** se comprueba colocando una regla sobre la última hilada ejecutada y, sobre ella, ponemos el nivel de burbuja. También, y con regularidad, hay que comprobar la horizontalidad mediante el hilo situado entre las miras.

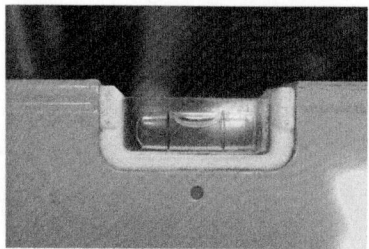

Nivel de burbuja

El hilo entre miras nos guía en la horizontalidad

■ **Verticalidad:** se comprueba mediante el uso de la plomada y también colocando una regla sobre la vertical de la pared y, sobre ella, situamos el nivel de burbuja (como se puede observar en el dibujo). Es recomendable que la verticalidad de la pared se realice cada dos metros.

6.3. Realización de juntas

Las juntas son los espacios que quedan entre las superficies contiguas al construir paredes, pavimentar el suelo, etc. Son necesarias para evitar problemas cuando se dan casos de contracción y dilatación, por ejemplo, en las fábricas de ladrillos; si una pared no posee juntas, convenientemente espaciadas que alivien la contracción y dilatación, seguramente aparecerán zonas agrieteadas.

Juntas de mortero

Se llamará juntas de mortero al material (mortero) que ocupa los espacios entre los ladrillos de una fábrica, cuya finalidad es dar unión y adherencia entre ellos.

Se distinguen dos tipos de juntas de mortero:

■ **Llaga:** mortero entre piezas de una misma hilada.
■ **Tendel:** mortero entre dos hiladas.

Es en la fase de replanteo donde se fijará el espesor de la junta. Dependerá de la terminación que se desee, siendo lo habitual un espesor no mayor de 10-12 mm, reduciéndose en ladrillos finos prensados a 4 o 5 mm.

 Nota

El espesor de la junta de mortero debe ser constante en toda la fabrica.

Hay que realizar las distintas masas de mortero en distintas tandas siempre que estas se consigan con semejantes características, utilizando las mismas proporciones de sus componentes. Por ello, son muchos los operarios que aconsejan utilizar morteros preparados y así garantizar que durante el levantamiento del muro se dispondrá de un mortero de características constantes.

Muy importante es que se rellenen total y correctamente las juntas ya que, un relleno deficiente, puede permitir que el agua de lluvia penetre al intradós. Casi siempre que esto ocurre es porque el agua encuentra un punto vulnerable en el muro, ya sea una junta de mortero mal ejecutada o un encuentro mal resuelto. Por ello, repetimos que es de vital importancia que se rellene correctamente la junta vertical en todo el espesor de la fábrica.

Rellenando juntas

Hay que tener en cuenta que la arena utilizada en la realización del mortero tiene relación directa con el espesor de la junta que se quiere dar:

- Cuando la junta vaya a ser menos de 5 mm, el tamaño máximo del grano de arena será de 2 mm.
- Cuando la junta vaya a estar comprendida entre 5 y 15 mm, el tamaño máximo del grano de arena será de 3 mm.
- Por último, si la junta va a estar comprendida entre 15 y 20 mm, el tamaño máximo del grano de arena será de 5 mm.

Si no respetamos la distancia mínima entre las piezas, los ladrillos quedarán muy juntos e incluso puede producirse el contacto entre ellos. Cualquier movimiento que se produzca en el muro puede provocar la concentración de esfuerzos en los ladrillos, provocando el deterioro de estos.

 Nota

Por muy delgada que se quiera dejar la llaga, entre cada pieza debe quedar una distancia mínima que permita absorber las tolerancias propias del ladrillo, así como las de colocación.

Cuando se realice una junta siempre se hará con la máxima precisión posible y siguiendo las especificaciones que aparecen en el proyecto. Estas especificaciones influirán en el trabajo final y estarán referidas al espesor, forma, textura, etc.

La forma y el aspecto definitivo de las juntas se obtendrá mediante el llagueado de las mismas, es decir, el igualado.

Para realizar el llagueado se repasan las juntas con la paleta o el llaguero, mejorando de esta forma el comportamiento de las mismas y el aspecto estético. Al repasar la junta, hay que tener mucho cuidado para no arrastrar el mortero.

Junta rehundida	Junta redondeada	Junta enrasada
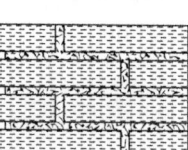	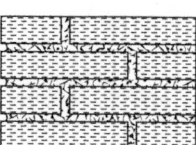	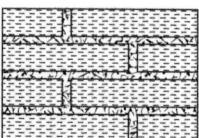

 Nota

El llagueado se realizará antes de que endurezca el mortero.

Juntas de movimiento

Los edificios están sometidos a diferentes movimientos producidos por diferentes causas, ya sean externas o internas:

- Dilataciones y contracciones debidas a los cambios de humedad y de temperatura.
- Retracciones de maduración de los elementos constructivos en base al cemento.
- Las cargas dinámicas y estáticas a las que se ven sometidos los muros, pilares, etc.
- Los asentamientos de la estructura en su maduración y por su propio peso.
- Las presiones y depresiones originadas por el viento.
- Los movimientos debidos a la inestabilidad del terreno.

La previsión de estos movimientos debe estar presente en el proyecto de obra y así evitar los posibles deterioros.

 **Nota**

El proyecto debe prever la adaptación y absorción de las tensiones para que no se produzcan daños, incluso estéticos.

Especialmente frente a los fenómenos que puedan dar lugar a contracciones y dilataciones, hay que prever elementos que puedan absorber los movimientos. Es aquí donde entran en juego juntas altamente deformables o elásticas: **juntas de movimiento.**

Junta de movimiento

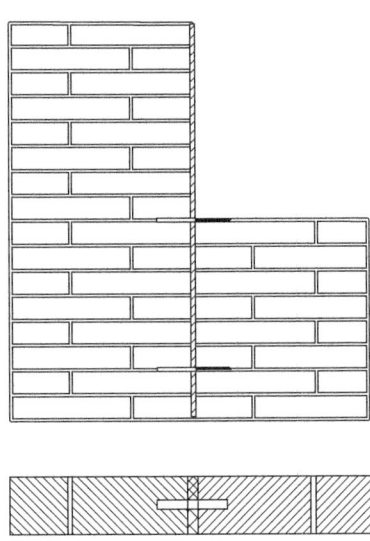

Por ello, cuando se vaya a levantar un muro o tabique, hay que tener en cuenta la utilización de juntas de movimiento, ya que los materiales se contraen y dilatan, y así evitar la aparición de grietas y fisuras.

Además de las juntas propias del cerramiento, siempre deben respetarse las juntas existentes en la estructura del edificio.

Habitualmente, la junta de movimiento tendrá un ancho comprendido entre 10 y 20 mm. Deberá ser rellenada y sellada para evitar la penetración del agua de lluvia.

Otros aspectos a tener en cuenta:

- Utilizar un material elástico como relleno de la junta.
- Colocar llaves embebidas en el tendel cada tres o cuatro hiladas de ladrillos para impedir que el muro pierda estabilidad en la junta de movimiento.

Movimiento horizontal

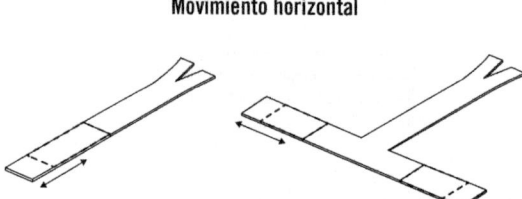

- Estas llaves de movimiento tendrán una funda de plástico que se colocará separada a escasos centímetros de la llave.

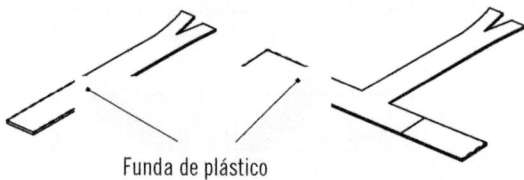

Funda de plástico

- En condiciones normales, se recomienda una distancia de 15 metros entre juntas de movimiento en muros de cerramiento no cargados, debiendo justificar separaciones mayores.
- En muros de carga y muros interiores, la separación entre juntas de movimiento estará definida por el proyectista.

- En caso de armar los tendeles, la distancia máxima entre juntas de movimiento podrá ampliarse.
- La distancia entre la junta de movimiento y una esquina del edificio debe también disminuir aproximadamente en esta proporción.

 Recuerde

Hay que utilizar material elástico como relleno de la junta.

Antes de introducir el material elástico en la junta y proceder al sellado de la misma, se debe tener en cuenta que:

- La fábrica debe estar seca.
- La superficie interior de la junta debe estar limpia y libre de mortero.
- Las juntas de mortero de las hiladas horizontales deben estar perfectamente llenas, para evitar que el material sellante penetre en ellas.
- El espesor de la junta debe ser constante.

Es complicado ejecutar la fábrica teniendo en cuenta las juntas de dilatación y la posterior introducción del material elástico. Por ello, se recomiendan seguir los siguientes pasos:

1. Colocar el material elástico en posición vertical, situado justo en el punto donde se realizará la junta.
2. El material elástico, generalmente poliestireno expandido, tendrá un espesor igual al de la junta prevista. Estará retranqueado unos centímetros de la cara externa del muro para permitir el sellado posterior de la junta.
3. Comenzar a ejecutar la fábrica a ambos lados del material elástico de modo que este quede perfectamente introducido en la junta.
4. Para impedir que el muro pierda estabilidad en la junta, se colocan llaves que traban ambos paramentos, de manera que solo se permita el movimiento horizontal del muro en su mismo plano. La llave será metálica

galvanizada y con una funda de plástico en uno de sus extremos. La separación entre llaves será como máximo 50 cm.

5. Cuando se haya terminado la ejecución de la fábrica se procede al sellado de la junta. Por lo general, se utiliza silicona aplicada con pistola.

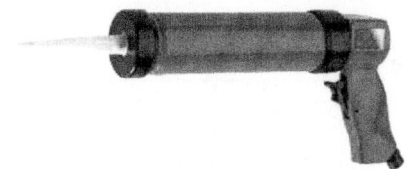

Pistola de silicona

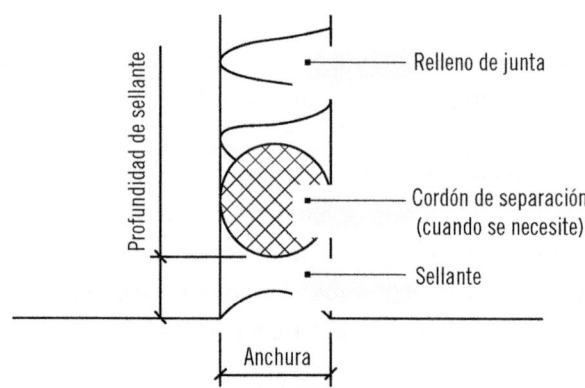

Profundidad de sellante

Relleno de junta

Cordón de separación (cuando se necesite)

Sellante

Anchura

6. Es recomendable que antes de la aplicación del sellante se protejan los ladrillos con algún tipo de cinta adhesiva, para que no se manchen. El acabado del sellado debe ser cóncavo debiendo seguir atentamente las instrucciones de aplicación del fabricante, para conseguir un sellado correcto y duradero de la junta.

Cinta adhesiva

Aplicación práctica

Nos disponemos a levantar un muro de ladrillos, siendo necesario utilizar juntas de movimiento. Cite algunos aspectos que hay que tener en cuenta.

SOLUCIÓN

- La junta de movimiento tendrá un ancho comprendido entre 10 y 20 mm. Deberá ser rellenada y sellada para evitar la penetración del agua de lluvia.
- Se recomienda una distancia máxima de 15 m entre juntas de movimiento en muros de cerramiento no cargados.
- Antes de introducir el material elástico en la junta y proceder al sellado, la fábrica debe estar seca.
- El espesor de la junta debe ser constante.

7. Cortado de las piezas o elementos

En los trabajos de albañilería es muy habitual el corte de piezas, siendo los ladrillos y los azulejos dos de los materiales que más cortes necesitan. Los ladrillos son cortados, entre otras cosas, para adaptarse al replanteo, resolver puntos singulares, rellenar huecos, etc.

A continuación, se citan una serie de consejos que se deben seguir a la hora de cortar los ladrillos:

- Los ladrillos siempre deben cortarse en una mesa de corte, ya sea una mesa con disco o una cizalla. Es aconsejable utilizar la mesa porque los cortes realizados son muy precisos y por motivos de seguridad. La mesa de corte estará limpia en todo momento e irá provista de chorro de agua sobre el disco.
- Cuando utilicemos máquinas eléctricas que no sean de mesa, habrá que extremar las precauciones.
- Hay que tener en cuenta que el corte de ladrillos con paleta siempre será un corte defectuoso. Podemos llegar a romper varios ladrillos hasta conseguir un corte que nos sirva.

■ Cuando se corten ladrillos hidrofugados, estos deben estar completamente secos, dejando transcurrir 48 horas desde su corte hasta su colocación, para que se pueda secar perfectamente la humedad provocada por el corte.

Seguidamente se darán a conocer diferentes herramientas y máquinas para realizar el corte de los ladrillos.

7.1. Mesa cortadora de ladrillos

Este tipo de máquinas están diseñadas para realizar trabajos pesados y continuos, es decir, es una gran herramienta destinada a realizar trabajos considerables.

Los cortes de ladrillo en la mesa de corte normalmente son muy precisos

 Nota

Las máquinas de corte suelen estar fabricadas con materiales de calidad para lograr la máxima garantía, rendimiento y durabilidad.

Suelen ser máquinas que poseen sistema de refrigeración. El agua que recibe el disco facilita el corte de los ladrillos y prolonga la vida útil del disco de diamante.

Además de proporcionar seguridad al operario a la hora de cortar un ladrillo, las mesas cortadoras de ladrillos ofrecen diferentes prestaciones, como pueden ser la realización de cortes limpios y precisos, cortes en distintos ángulos (por la guía de corte), cortes a distintas profundidades (sistema de bajada y subida), evitar la rotura de los ladrillos, etc.

7.2. Cizalla cortadora de ladrillos

Se trata de un sistema hidráulico que sirve para cortar ladrillos, generalmente de gran formato: de hasta 50 x 70 cm, con grosores desde 4 a 12 cm.

La cizalla es muy útil para cortar ladrillos de gran formato

 **Nota**

El sistema de levas permite cambiar con facilidad el grosor del ladrillo a cortar.

Aunque parezcan máquinas muy pesadas, suelen ser fáciles de transportar, por lo que son muy útiles, ya que mediante estas se obtienen acabados impecables en el corte.

7.3. Radial

Aunque esta máquina no es aconsejable para realizar el corte de los ladrillos, por su frecuente uso, se mostrarán los pasos a seguir:

1. Hay que meter el ladrillo en agua durante unos minutos para que absorba agua y así levante menos polvo al cortarlo.
2. Sacamos el ladrillo del agua y lo colocamos en el suelo. Si no queremos manchar el piso, podemos colocar una toalla debajo del ladrillo.
3. Tras secarnos las manos, hay que marcar en el ladrillo la línea de corte.
4. Hemos de colocarnos unos guantes de cuero para construcción y una mascarilla protectora antipolvo.
5. Enchufamos la radial siempre con el disco mirando hacia abajo.
6. Cogemos firmemente la máquina, la ponemos en marcha, colocamos el disco sobre la línea marcada y comenzamos a cortar, siempre lentamente y realizando varios movimientos hacia arriba y hacia abajo.

Utilización de la radial

7.4. Sierra de sable

Colocando a la sierra una hoja especial, podemos realizar el corte de los ladrillos. Los dientes de la hoja suelen ser de metal duro y realizan cortes rápidos y bastos.

Sierra de sable

Al igual que la radial, no es una máquina aconsejable para cortar ladrillos, y también, para utilizarla, habrá que seguir una serie de pasos:

1. Meter el ladrillo en agua para que no levante polvo al cortarlo.
2. Sacamos el ladrillo del agua y lo colocamos en el suelo.
3. Marcar en el ladrillo la línea de corte.
4. Nos colocamos unos guantes de cuero para construcción y una mascarilla protectora antipolvo.
5. Enchufamos la sierra con los dientes de la hoja mirando hacia abajo.
6. Cogemos firmemente la máquina, la ponemos en marcha, colocamos los dientes sobre la línea marcada y comenzamos a cortar lentamente.

7.5. Cinceles especiales para ladrillos

Para cortar un ladrillo con un cincel especial y un martillo hay que seguir una serie de pasos:

1. Se traza con un lápiz o una tiza la línea de corte alrededor del ladrillo.
2. Se darán pequeños golpecitos sobre la línea trazada con el martillo y el cincel para realizar muescas de cierta profundidad.

3. Se coloca el ladrillo sobre arena y la hoja del cincel sobre la muesca con el mango ligeramente inclinado hacia la parte del ladrillo.

4. Se propina un golpe seco y así obtenemos una rotura neta, que dividirá el ladrillo en dos.

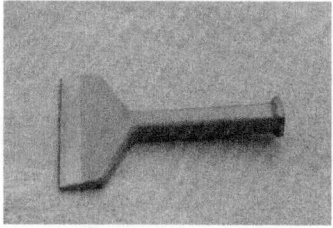

Cincel para cortar ladrillos

 Recuerde

Al utilizar un cincel para cortar ladrillos, antes de dar un golpe seco, hay que realizar pequeñas muescas en la línea de corte.

7.6. Paleta de albañil

Solo ladrillos de pequeñas dimensiones, como las rasillas, pueden ser cortados con la paleta. Además, el corte con paleta se realizará cuando no importe mucho el resultado obtenido, ya que será un corte defectuoso, falto de dimensiones exactas y no estético.

**La paleta puede utilizarse para cortar
ladrillos de pequeñas dimensiones**

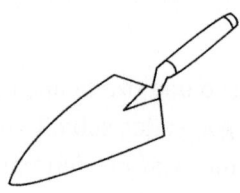

El proceso es muy fácil: se apoya el ladrillo sobre un calzo y se dan golpes secos con el canto de la paleta.

Hay que evitar coger el ladrillo con una mano y en la otra la paleta para realizar el corte, como aparece en la siguiente fotografía. Es muy común realizar el corte de esta manera: en el plano mayor del ladrillo realizamos uno o dos golpes secos con la paleta y volvemos a realizar el mismo proceso en la cara opuesta.

Debemos evitar esta forma de cortar el ladrillo

El corte de ladrillos con la paleta no es aconsejable por diversas razones, entre las que podemos destacar las siguientes:

- El corte que se realiza es defectuoso.
- Para realizar el corte hay que ejercer una fuerza impulsiva que transmite vibraciones a la mano.
- Podemos golpearnos la mano que sujeta el ladrillo y producirnos un corte considerable.

 Sabía que...

Los materiales que conforman el forjado dependen de muchos factores: cargas a soportar, resistencia al fuego, tiempo de ejecución, etc.

Aplicación práctica

Nos encontramos en la obra y necesitamos realizar el corte de unos ladrillos. El caso es que la única máquina que tenemos para realizar el corte es la radial. ¿Qué pasos hay que seguir para realizar unos cortes seguros y óptimos?

SOLUCIÓN

▌ Meter el ladrillo en agua durante unos minutos para que absorba agua y así levante menos polvo al cortarlo.
▌ Sacamos el ladrillo del agua y lo colocamos en el suelo.
▌ Nos secamos las manos y marcamos la línea de corte en el ladrillo.
▌ Nos colocamos unos guantes de cuero para construcción y una mascarilla protectora antipolvo.
▌ Enchufamos la radial siempre con el disco mirando hacia abajo.
▌ Cogemos firmemente la máquina, la ponemos en marcha, colocamos el disco sobre la línea marcada y comenzamos a cortar, siempre lentamente y realizando varios movimientos hacia arriba y hacia abajo.

8. atmosféricas. Protección de la obra ejecutada. Lluvia, hielo, calor, viento

Es esencial que al realizar una obra, tanto técnicos como operarios, conozcan las condiciones climatológicas del lugar ya que estas influirán en el diseño de la fábrica, en la elección de los materiales y en la realización de la obra.

Así, no será conveniente realizar trabajos cuando se den fuertes lluvias, vientos que hagan peligrar la estabilidad de las fábricas recién ejecutadas o temperaturas muy bajas.

Veamos, a continuación, todo esto con más detenimiento.

8.1. Protección de la obra ejecutada

Está claro que cuando se dan condiciones atmosféricas adversas, hay que tomar las precauciones necesarias para evitar problemas en la obra ejecutada.

Protección contra la lluvia

La precipitación de agua es un factor influyente a la hora de realizar una obra de albañilería.

En general, cualquier obra de construcción debe tener en cuenta los siguientes aspectos ante la lluvia:

- Siempre hay que proteger la parte superior de los paramentos para resguardarlos del agua.
- También se protegerá la cara superior de los ladrillos en los huecos de fachada y coronaciones de los muros hasta que se coloquen los vierteaguas y albardillas. Cualquier aportación excesiva de agua a las fábricas, sobre todo si esta se hace por la coronación o por el intradós, es un riesgo de eflorescencias innecesario.
- Se tomarán las medidas necesarias para que no se vierta sobre la fábrica el agua acumulada en los forjados, terrazas y cubierta, debiendo ser conducida convenientemente al exterior.

Más concretamente, una **fábrica recién ejecutada** debe protegerse de la lluvia mediante plásticos, sobre todo, en la parte superior. De esta forma se intenta se evitar:

- Que los finos del mortero sean arrastrados por el agua, lo cual provocará una notable reducción de las características físicas del mortero.
- La aparición de eflorescencias y manchas debido a que el agua de lluvia disuelva las sales y otras sustancias.
- Que el agua erosione las juntas de mortero, decreciendo la funcionalidad de la fábrica ejecutada.

 **Recuerde**

Las obras de construcción tienen que protegerse de la lluvia, sobre todo, las fábricas recién ejecutadas.

Protección contra el viento

El viento, si sopla con fuerza, es un factor a tener en cuenta cuando se realicen fábricas de albañilería.

El levantamiento de muros, sobre todo externos, con fuertes vientos ha de hacerse con las respectivas precauciones porque puede que la obra pierda la estabilidad. Así, para mantener la estabilidad de las fábricas, hay que utilizar los correspondientes arriostramientos. Cuando no pueda garantizarse la estabilidad frente a acciones horizontales, se arriostrarán a elementos suficientemente sólidos.

Protección contra el hielo

En primer lugar, comentar que no es recomendable realizar la ejecución de fábricas de ladrillo con temperaturas inferiores a 4 °C, ya que las heladas pueden perjudicar al mortero y a la construcción de la fábrica.

Más que los ladrillos, es el mortero el material que puede verse afectado por el hielo. Su alta sensibilidad a las heladas se debe a su alto contenido en agua.

Por ello, hay que tener en cuenta una serie de hechos:

- Si el mortero se hiela antes de fraguar, la adherencia, resistencia y durabilidad de este se verán afectadas considerablemente.
- Si hiela al comenzar la jornada o durante esta, la obra se interrumpirá y la fábrica ejecutada recientemente se protegerá con plásticos y mantas de aislante térmico.

■ Si hay heladas antes de iniciar la jornada, debe efectuarse una inspección minuciosa en los muros construidos en los últimos días. En caso de que existan partes afectadas por el hielo, se demolerán y se reconstruirán cuando las condiciones climáticas lo permitan.

■ Cuando se utilicen aditivos anticongelantes para el mortero, deben seguirse atentamente las indicaciones del fabricante en cuanto a dosificación, condiciones de ejecución, etc., asegurándose de que no tengan ningún efecto nocivo sobre la fábrica.

 Recuerde

No es recomendable realizar la ejecución de fábricas de ladrillo con temperaturas inferiores a 4 °C.

Protección contra el calor

Siempre que el tiempo sea extremadamente seco y caluroso, los muros y tabiques tienen que regarse, mantenerse húmedos, para evitar que se produzca una rápida evaporación del agua del mortero. Se tendrá la precaución de no mojar la fábrica en exceso, ni con chorro a presión, ya que el agua podría arrastrar el mortero, quedando la junta muy debilitada.

La evaporación altera el proceso normal de fraguado del mortero, endureciéndose y provocando fisuras en el mismo por la retracción.

 Recuerde

Siempre que el tiempo sea extremadamente seco y caluroso, los muros y tabiques tienen que regarse y mantenerse húmedos.

Aplicación práctica

Supongamos que usted se encuentra trabajando en la obra levantando un muro exterior. Aunque le habían comunicado que la meteorología iba a empeorar, decidió no parar de trabajar y ahora las condiciones atmosféricas se han complicado mucho, ya que las rachas de agua-viento son fuertes. ¿Cómo debemos de actuar en este caso?

SOLUCIÓN

Dejaremos de realizar el trabajo que se estaba ejecutando y:

❙ Protegeremos con plásticos la parte superior de los muros.
❙ También protegeremos la parte superior de los ladrillos en los huecos de fachada y coronaciones de los muros.
❙ Se tomarán las medidas necesarias para que el agua sea conducida al exterior de la obra.
❙ Arriostraremos la fábrica en el caso de que el viento sople con violencia.

9. Puntos singulares

En una obra de construcción hay que tener muy en cuenta una serie de zonas que, por su importancia, son especiales. Se tratan de los conocidos puntos singulares: elementos de la fábrica que, por su función o ubicación, son objeto de un tratamiento específico.

Los puntos singulares en una fábrica construida con bloques ladrillos suelen corresponderse con las zonas en las que se acumulan tensiones derivadas de la obra.

Veamos a continuación cuáles son estas zonas, sus características y la forma adecuada de tratarlas.

9.1. Petos

El peto de cubierta es la coronación del muro, y es un punto muy delicado al estar expuesto a los agentes atmosféricos. Al estar en contacto con la intemperie, el peto puede sufrir cambios, en la mayoría de los casos debido a los cambios de temperatura.

Peto de cubierta

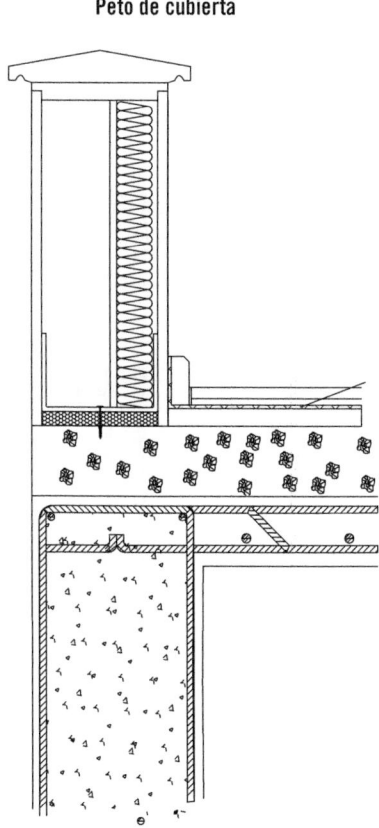

Peto de cubierta

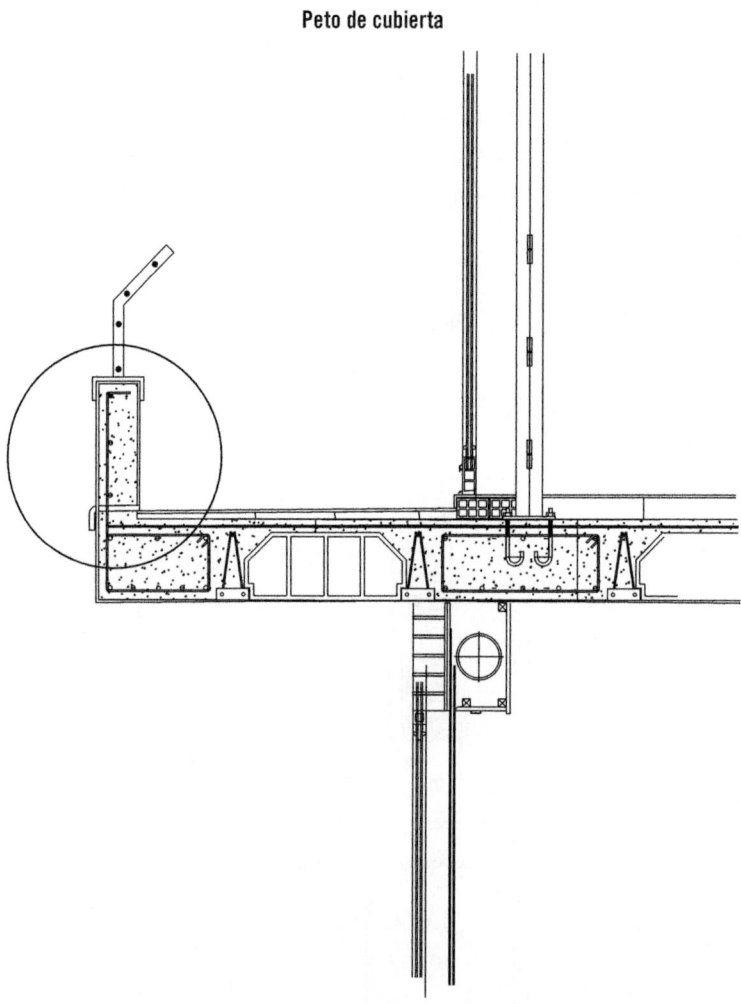

En el caso de las cubiertas planas, al estar confinadas mediante un peto perimetral, los cambios de temperatura pueden provocar la aparición de fisuras en la fachada, en la mayoría de los casos, debidas a los desplazamientos del peto. En este sentido, hay que tener muy en cuenta una serie de precauciones:

- Hay que comenzar afirmando que es vital garantizar el buen aislamiento de la cubierta, incluso la utilización de cubiertas ventiladas.
- Para absorber los movimientos, es imprescindible la incorporación de una junta de contorno rellena de un material compresible en todo el perímetro de cubiertas planas.

■ Incorporar un zuncho perimetral en la última hilada y así mejorar la estabilidad del peto. Además, este zuncho sirve como base de la albardilla. Todo ello puede conseguirse colocando una malla metálica tupida en el tendel inferior, que sirva como fondo para la colocación del hormigón, y poniendo piezas de zuncho en la hilada. También puede conseguirse realizando la hilada con piezas dintel.

Recuerde

Es importantísimo garantizar el buen aislamiento de la cubierta.

En la siguiente figura, se muestra una solución para el encuentro con el peto de cubierta:

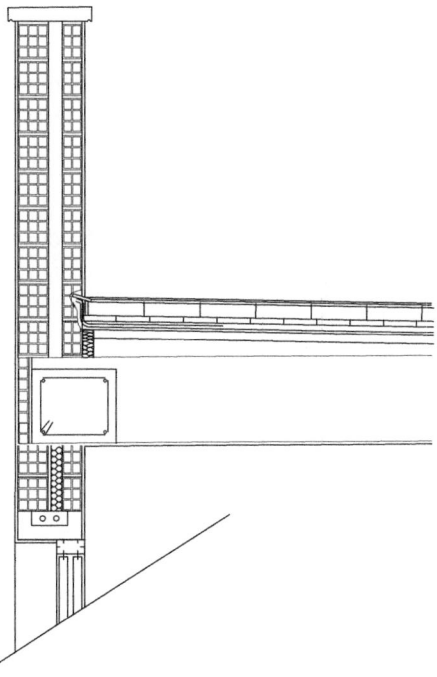

Muro de fábrica atando las dos hojas de un peto de cubierta

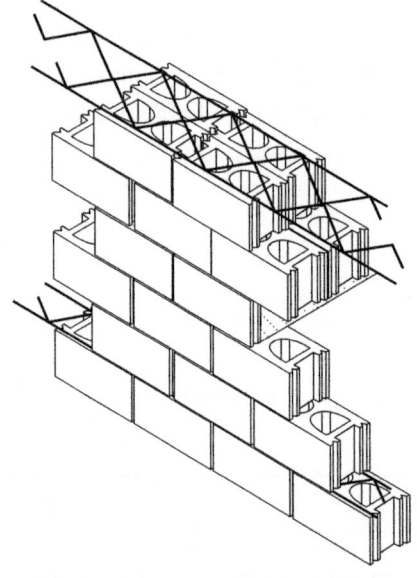

También podemos observar un muro capuchino de fábrica armada atando las dos hojas de un peto de cubierta.

Ante los problemas que puedan acarrear abundantes precipitaciones, hay que disponer de elementos de protección. En este caso, la solución más habitual es la colocación de albardillas.

El diseño de estas permitirá la rápida evacuación del agua de lluvia evitando encharcamientos. Es recomendable incluir algún sistema de drenaje para la junta que se produce entre las piezas.

Detalle de alabardilla

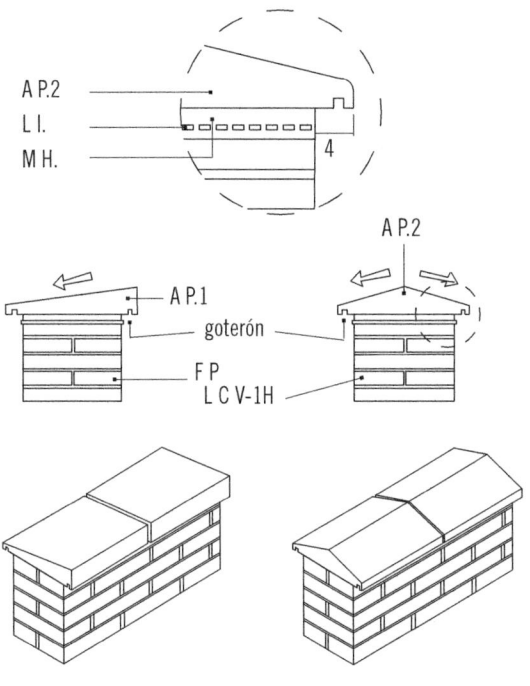

A P.1 Alabardilla prefabricada con una vertiente y vuelo de 4 cm a ambos lados del muro.

A P.2 Alabardilla prefabricada con dos vertientes y vuelo de 4 cm a ambos lados del muro.

M H. Mortero hidrófugo M-5 resistencia característica 5 N7mm² recibido de alabardilla prefabricada.

L I. Barrera impermeable lámina bituminosa recibida con mortero acabado rugoso o granular sobresaliente por ambos lados del peto.

F P Formación de peto.

Goterón Fábrica de ladrillo cara vista.

Las albardillas volarán aproximadamente 4 cm a ambos lados del muro, debiendo ir provistas de goterones, tanto hacia la fachada como hacia el interior.

 Nota

Las albardillas son realizadas de diferentes materiales pero hay que asegurarse que sean metálicas y de gran longitud ya que, debido a su coeficiente de dilatación, las soluciones constructivas deben tener en cuenta este aspecto.

Siguiendo con las albardillas, estas se colocarán con mortero hidrófugo, alineadas perfectamente unas con otras, siempre respetando las juntas de movimiento previstas en la fachada.

Al ser elementos de protección discontinuos, el agua puede llegar a filtrarse a través de las uniones. Dos de las posibles soluciones son:

- Sellar las juntas.
- Colocar una lámina impermeable con un acabado rugoso o granular, recibida con mortero, y situada entre la fábrica de ladrillo y la albardilla, sin que la estabilidad de la albardilla se vea perjudicada. El material impermeable debe sobresalir hacia ambos lados del muro, garantizando, de esta manera, la no filtración de agua a través del mortero.

Por último, es habitual ejecutar la albardilla con ladrillos colocados a sardinel. Para ello, se utilizará mortero hidrófugo y la junta será enrasada, colocándose con la inclinación necesaria para evitar que el agua pueda quedar embalsada y causar la aparición de alguna patología.

 Recuerde

La albardilla se colocará con material hidrófugo.

 Aplicación práctica

En una cubierta plana recién ejecutada han aparecido varias grietas. La dirección de la obra ha llegado a la conclusión de que la causa principal han sido los cambios de temperatura y no haber puesto las medidas necesarias. Para que no ocurra la próxima vez, usted tendrá que tomar una serie de precauciones. Cite alguna de ellas.

Continúa en página siguiente >>

<< Viene de página anterior

SOLUCIÓN

▪ Incorporar una junta de contorno rellena de un material compresible en todo el perímetro de la cubierta.
▪ Incorporar un zuncho perimetral en la última hilada que además sirva como base para la albardilla. Ello se conseguirá colocando una malla metálica tupida en el tendel inferior, que sirva como fondo para la colocación del hormigón, y colocando piezas de zuncho en la hilada. También puede conseguirse realizando la hilada con piezas dintel.

9.2. Encuentros con el forjado

El forjado puede definirse como aquel elemento estructural, horizontal o inclinado, generalmente horizontal, que recibe directamente las cargas y las transmite a los restantes elementos de la estructura (vigas, pilares y muros).

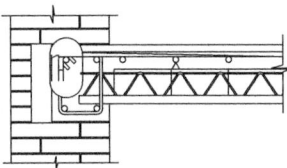 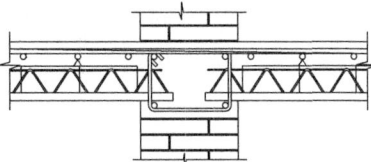

 Nota

La selección de los materiales que conforman el forjado dependerá del tipo de cargas que tenga que soportar.

Además del tipo de cargas a soportar, hay que tener en cuenta los siguientes factores:

- Disponibilidad de los materiales.
- Tiempo de ejecución.
- La luz.
- El grado de exposición a agentes agresivos.
- La vida estimada.

Utilizado para conformar las cubiertas y las diferentes plantas de las edificaciones, algunas de las funciones que tiene que cumplir el forjado son:

- Soportar las cargas, incluido su propio peso.
- Soportar su proceso de construcción.
- Actuar como plano de rigidez, es decir, repartir las cargas horizontales entre todos los elementos.
- Solidarizar todos los elementos de la planta; transmite las cargas verticales y horizontales.
- Presentar compatibilidad de deformaciones con sus funciones.
- Aislar térmicamente y acústicamente las plantas entre sí.
- Resistencia al fuego.

Recuerde

Entre las funciones que tiene que cumplir el forjado destaca soportar las cargas, incluido su propio peso.

Según la forma de transmitir las cargas, nos encontramos con dos tipos de forjados:

- **Forjados unidireccionales:** son aquellos donde los elementos resistentes se doblan en una dirección. Es por ello que tienen que apoyarse sobre elementos lineales como muros de carga o vigas. Sin embargo, pueden llegar a flexionar transversalmente, aunque esta flexión será insignificante con respecto a la flexión principal. Algunos tipos de forjados unidireccionales pueden ser forjados sanitarios o de aislamiento, forjados de pisos armados y pretensazos, forjados de nervios "in situ" con moldes recuperables, etc.

- **Forjados bidireccionales:** son aquellos forjados en los que sus elementos resistentes o nervios flexionan en ambas direcciones, por lo que pueden apoyarse sobre elementos lineales (vigas, muros) pero también sobre elementos puntuales (pilares), los cuales no tienen por qué estar dispuestos ordenadamente. Entre los tipos de forjados bidireccionales destacan los forjados reticulares con casetones de aligeramiento perdidos, forjados reticulares con casetones de aligeramiento recuperable, forjados reticulares con casetones de aligeramiento especiales y forjados reticulares postensados.

Recuerde

Los forjados unidireccionales son aquellos en los que los elementos resistentes se doblan en una dirección.

Tras la breve introducción sobre los tipos de forjados y las funciones que estos deben ofrecer, a continuación, se analiza el **encuentro del muro con el forjado.**

Hay que comenzar afirmando que en cualquier proceso constructivo es fundamental la correcta ejecución de los encuentros entre los distintos elementos. Por ello, en este punto se ofrecen detalles constructivos correspondientes a los encuentros entre los paramentos verticales de los edificios con los forjados.

La fábrica de ladrillos que se esté realizando puede encontrarse con el forjado de dos maneras distintas:

- Cuando la fábrica se apoya en el forjado.
- Cuando acomete al forjado por la cara inferior.

Tanto una como otra requieren soluciones constructivas diferentes, que describimos a continuación.

Apoyo del muro en el forjado

Se trata de apoyar las dos hojas de la fábrica en el forjado, colocando la hoja externa con un ligero vuelo. De esta manera, la estructura del edificio quedará oculta tras la hoja de cerramiento, otorgando al muro exterior una imagen de continuidad.

Hay que destacar que la superficie del forjado debe estar nivelada y limpia, siendo el apoyo mínimo de la hoja externa 2/3 de su espesor. De esta manera, se garantizará la estabilidad del muro frente a la transmisión de cargas verticales y frente a los empujes horizontales.

 Nota

Para asegurar la estabilidad de la hoja externa, esta debe anclarse a la hoja interior, que será al menos un tabicón de hueco doble.

Sin embargo, la mejor solución para asegurar la estabilidad del forjado es pasar la hoja exterior del cerramiento por delante del forjado, apoyándose en una estructura auxiliar, mediante perfiles metálicos fijados al canto del forjado o mediante otra solución similar a la de un cerramiento no portante.

También hay que comentar que, mediante esta solución constructiva, también se consigue:

- Que la colocación del aislante sea continua. De esta manera, evitamos la aparición del puente térmico en el canto del forjado.
- No transmitir la humedad de la hoja exterior al forjado ya que no se apoya directamente sobre él mismo.

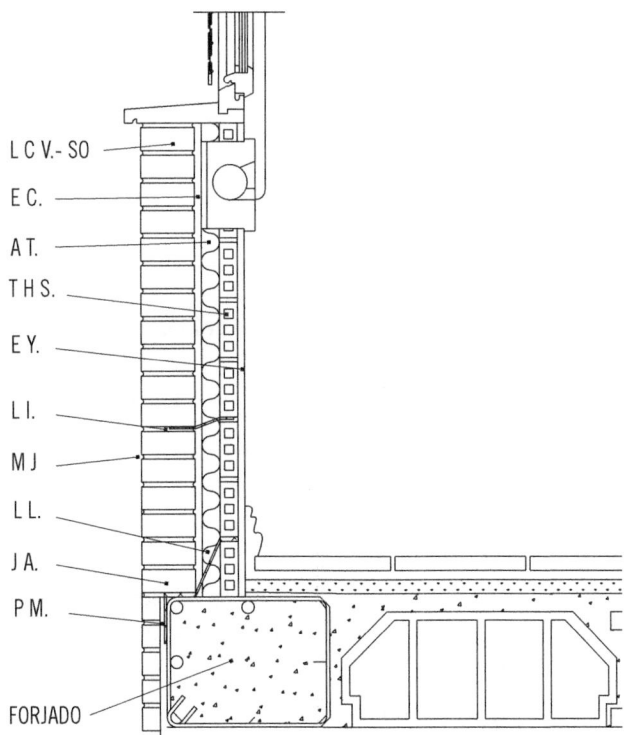

J A.   Junta abierta llaga de la hoja exterior de la fábrica. sin relleno de mortero para facilitar la evacuación de agua.

P M.   Perfil metálico anclado al canto del forjado como apoyo del ahoja exterior.

M J.   Mortero de agarre tipo M-5 forma juntas de e = 1 cm, tamaño del árido = 3 mm, resistencia = 5 MPO (N/mm²).

L I.   Barrera impermeable lámina bituminosa, superficie no protegida con armadura inorgánica. P ≥ 2,7 kg/m².

E C.   Enfoscado e = 1 cm.

E Y.   Enlucido de yeso e = 1,5 cm.

L L.   Llave, laña o anclaje garantiza la estabilidad de la hoja exterior atándola con la hoja de tabicón de hueco doble.

L C V.- SO Ladrillo cara vista, fachada ventilada, E1 = 11,5 cm. E2 = 7,0 cm. cámara + aislante = 6,0 cm. tipo de ladrillo 2: hueco doble.

A T.   Aislante térmico poliestireno expandido espesor 1 = 3 cm. c. térmica= 0,060 kcal/hm ºC.

T H S.   Tabicón hueco simple e2 = 7,0 cm.

Por último, este sistema constructivo tiene que conseguir evacuar al exterior el agua que haya entrado hasta la cámara. Para ello, se utilizará una lámina impermeable colocada en la hoja interior, a una altura mínima de 10 cm, y que se introduce debajo de la hoja exterior, justo en el apoyo con el forjado.

 Nota

Con el objeto de facilitar la evacuación de agua y evitar las condensaciones interiores en la cámara de aire, se dejará sin rellenar de mortero una llaga vertical de la hoja exterior cada 1,5 m de fachada en la primera hilada apoyada sobre la lámina impermeable.

Encuentro del muro con la cara inferior del forjado

Se recomienda empezar el cerramiento por la planta superior del edificio. De esta manera, cuando se realice el cerramiento de cada planta, ya se habrá producido la deformación de la planta superior, debido al peso del cerramiento que existe sobre él.

Para evitar la entrada en carga de la fábrica por deformaciones en el borde del forjado, hay que dejar una holgura de 2 cm entre la hilada superior del cerramiento y el forjado, la cual se rellenará con mortero que garantice la adherencia, transcurridas al menos 24 horas desde la terminación del muro.

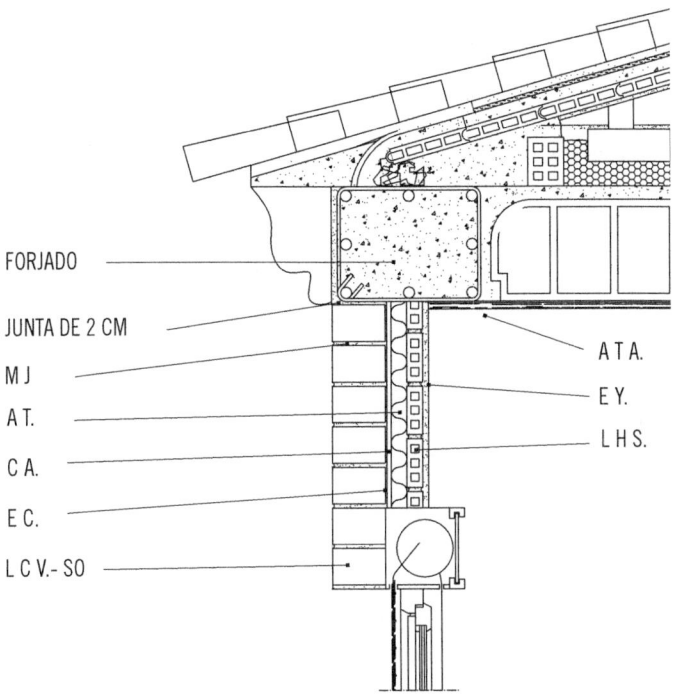

FORJADO

JUNTA DE 2 CM

M J

A T.

C A.

E C.

L C V.- SO

A T A.

E Y.

L H S.

JUNTA	= 2 cm entre hilada superior y el forjado, relleno de mortero	A T.	Aislante térmico poliestireno expandido espesor 1 = 3 cm c. térmica = 0,060 kcal/hm °C.
M J.	Mortero de agarre tipo M-5 forma de juntas del árido = 3 cm, resistencia = 5 MPO (N/mm²)	L H S.	Ladrillo hueco simple e2 = 7,0 cm.
C A.	Cámara de aire e = 1 cm	A T A.	Aislante térmico acústico lana de vidrio y resesina, espesor l = 2 cm, colocado en techos y solapes con hoja interior
E C.	Enfoscado e = 1 cm		
E Y.	Enlucido de yeso e = 1,5 cm.	L C V. -SO	Ladrillo cara vista, fachada ventilada, E1 = 11,5 cm E2 = 7,0 cm. cámara + aislante = 6,0 cm tipo de ladrillo 2: hueco doble.

Recuerde

El cerramiento comenzará por la planta superior del edificio.

Tanto para un tipo u otro de encuentro con el forjado, hay que tener en cuenta varios aspectos:

- Cuando se disponen juntas horizontales de movimiento bajo los forjados, los muros de cerramiento sometidos a la acción del viento no pueden trabajar por efecto arco en vertical entre dos forjados consecutivos. Por esta razón, la presión o succión del viento la han de transmitir a los pilares estructurales contiguos, donde habrá que anclarlos adecuadamente.
- Si los pilares se encuentran a más de 4 metros de distancia entre ellos, la fábrica se armará por tendeles y así se incrementarán sus prestaciones. Otra solución será disponer pilastras de hormigón armado dentro los huecos de las piezas de la fábrica, o bien costillas verticales.
- Los perfiles se calcularán para garantizar que la deformación no supere el límite máximo.
- El sistema utilizado debe permitir ajustes tanto en sentido vertical como horizontal para que se puedan solucionar posibles problemas de ejecución.
- Se garantizará la adecuada resistencia de la superficie de hormigón donde se fije el perfil metálico.
- Los materiales utilizados serán resistentes a la corrosión.
- Hay que incluir sistemas de impermeabilización y evacuación ante la posible entrada de agua a través de la hoja exterior.
- Para que los movimientos causados por los cambios de temperatura no acarreen problemas, hay que utilizar perfiles de poca longitud dejando juntas entre elementos adyacentes.

 Recuerde

Si los pilares se encuentran a más de 4 metros de distancia entre ellos, la fábrica se armará por tendeles.

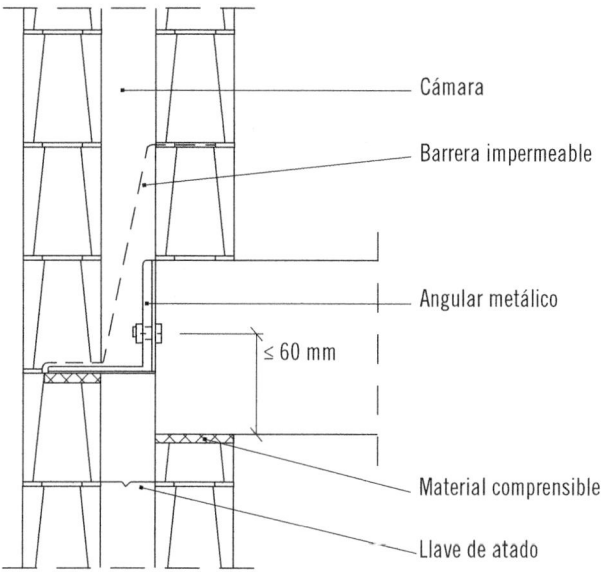

Cámara

Barrera impermeable

Angular metálico

≤ 60 mm

Material comprensible

Llave de atado

Paso del forjado

Los pasos de forjado y la cara exterior de los pilares tienen que ocultarse. Por ello, se utilizan plaquetas cerámicas, las cuales deben tener resaltos en su cara interior para mejorar su adherencia.

El paso del forjado se convierte en un puente térmico que hay que eludir. En este sentido, se colocará material aislante entre el forjado y la plaqueta, evitándose la aparición de manchas en el exterior, en el paso de los forjados, causadas por la condensación.

El puente térmico se puede evitar desde el interior del edificio, colocando, cuando sea posible, material aislante cerca del cerramiento en el suelo y techo.

Otra posible solución es la de emplear un sistema de fachada ventilada.

P M.   Perfil metálico anclado al
        canto del forjado como apoyo
        de la hoja exterior.

M J.   Mortero de agarre tipo M-5
        forma juntas de e = 1 cm,
        tamaño del árido = 3 mm,
        resistencia = 5 MP0 (N/
        mm²).

E C.   Enfoscado e = 1 cm.
        enlucido de yeso e = 1,5 cm.

E Y.   Enlucido de yeso e = 1,5 cm.

P C.   Piezas especiales de ladrillo
        cara vista permiten la
        continuidad de la fábrica
        permitiendo el apoyo junto
        con perfil de la hoja exterior

A T V. Aislante térmico placas de
        vídrio celular espesor
        l = 2 cm, colocado en suelos
        y encuentros con paramento
        vertical

A T A. Aislante térmico acústico
        lana de vidrio y resinas
        espesor l = 2 cm colocado
        en techos y solapes con hoja
        interior

L C V-SO Ladrillo cara vista, fachada
        ventilada, E1 = 11,5 cm
        E2 = 7,0 cm cámara +
        aislante = 6,0 cm tipo
        de ladrillo 1: perforado
        aparejado a sogas, tipo de
        ladrillo 2: hueco doble

A + M   Lecho de arena y capa de
        mortero superficie de apoyo
        para solado

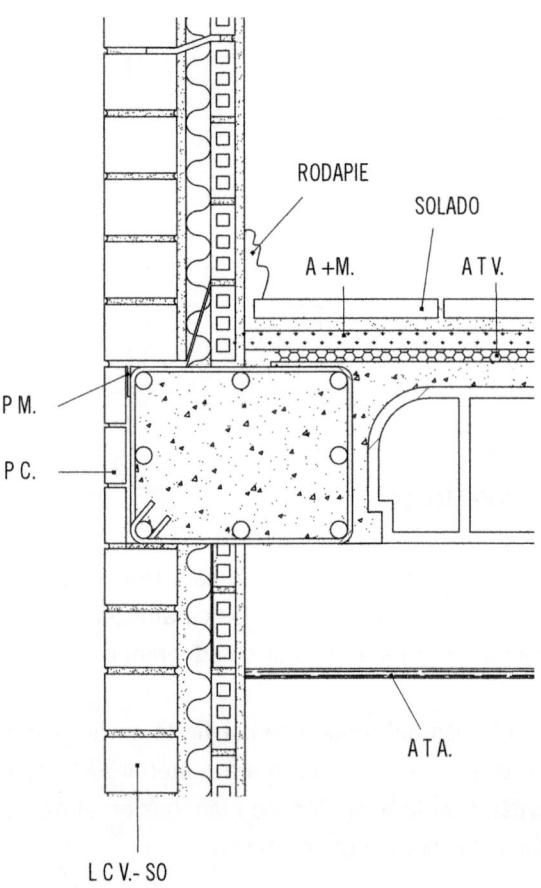

Recuerde

El paso del forjado se convierte en un puente térmico que hay que eludir.

9.3. Arranque de muro en cimentación

La cimentación es aquella parte de la estructura de una construcción realizada de hormigón, ladrillo o sillares, generalmente enterrada y que es utilizada para transmitir el peso o carga del edificio al terreno.

A continuación, se muestra un ejemplo del arranque de un muro sobre losa de cimentación:

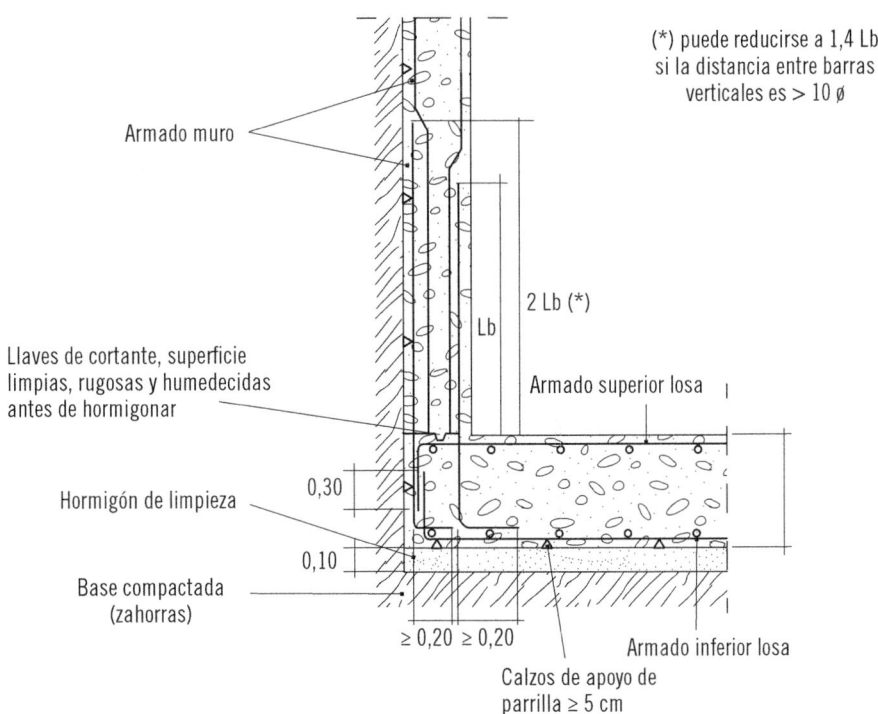

 **Recuerde**

La cimentación generalmente está enterrada.

Destacamos aquí dos tipos de cimentación:

a. **Cimentación profunda:** es aquella que transmite la carga al suelo por presión bajo su base, pero que además puede contar con rozamiento en el fuste. Cuando el peso de los muros y del edificio en general es excesivo, y el terreno es incapaz de soportarlo, puede recurrirse a dos tipos distintos de cimentaciones profundas:

- ▪ Muros pantalla: son muros verticales profundos que soportan las presiones del terreno.
- ▪ Pilotes: son elementos puntuales que se hincan en el suelo trasmitiendo las cargas a estratos más profundos y resistentes.

b. **Cimentación superficial:** se trata de aquella cimentación que se apoya en las capas superficiales del suelo, las cuales soportan la carga por medio de la ampliación de base. Los materiales más utilizados en la construcción de las cimentaciones superficiales son el hormigón armado y las piedras naturales.

9.4. Colocación de aislantes

El aislante se define como aquel material utilizado para impedir la transmisión de energía.

Tipos de aislantes

En el mercado nos podemos encontrar con un gran número de aislantes pero, en el caso de la construcción, destacan dos tipos:

Aislante térmico

Se trata de aquel aislante usado en la construcción como barrera a las temperaturas extremas, impidiendo que entre o salga calor del elemento en construcción.

La utilización de aire con baja humedad impide el paso de calor por radiación, gracias a un bajo coeficiente de absorción, o por conducción, gracias a su baja conductividad térmica.

Pero la capacidad de aislamiento se reduce porque el calor sí que se transmite por convección. Por ello, se utilizan como aislantes térmicos materiales porosos o fibrosos tales como:

- **Corcho:** colocado formando paneles, se trata del material aislante más utilizado desde hace muchos años. Como es un material orgánico, el corcho tiene que incorporar un tratamiento contra el ataque por hongos.
- **Lana de roca:** comercializado en paneles, se trata de un material incombustible, es decir, resistente al fuego, con un punto de fusión superior a los 1.200 °C. Se aplica como aislamiento en cubiertas, aislamiento de forjados, fachadas ventiladas, particiones interiores, etc.
- **Celulosa:** se trata de papel reciclado y molido que, tras añadirle productos ignífugos, se convierte en buen aislante térmico, sirviendo también como aislante acústico. La celulosa se insufla en las cámaras o se proyecta en húmedo.
- **Poliestireno expandido:** derivado de petróleo y del gas, se obtiene este material en forma de gránulos que, debido a su alta combustibilidad, llevan incorporados retardantes. Se comercializa en placas con las dimensiones deseadas.

Aunque no se analicen, no se puede dejar de mencionar otros aislantes térmicos como son los paneles rígidos, coquillas, lanas de vidrio, lana natural de oveja, vidrio expandido, espuma celulósica, espuma de polietileno, espuma de poliuretano, etc.

Recuerde

El corcho es el material aislante más utilizado.

Aislante acústico

Aislar acústicamente es disponer los medios necesarios para impedir que un sonido penetre en un medio, pero también que salga de él. En este último caso, la función de los materiales aislantes es absorber la energía para mejorar la acústica del edificio o recinto. Es lo que se conoce como acondicionamiento acústico.

Aunque se haya hecho mención al acondicionamiento acústico, en este punto nos vamos a centrar en el aislamiento acústico como impedimento a que el ruido penetre de un lugar a otro, sea del exterior al interior, de una vivienda a otra o de una sala a otra.

Si el aislante está colocado en el exterior, tendrá como misión reflejar la mayor cantidad de energía sonora que reciba, para impedir que penetre en el recinto. Pero cuando estamos ante estructuras, un buen material absorbente, colocado en el espacio cerrado entre dos tabiques paralelos, mejora el aislamiento que pueden ofrecer por sí solos dichos tabiques.

Nota

Los materiales más utilizados en ellos son madera, aluminio, plástico y acero.

A continuación, se describen algunos de los materiales y sistemas utilizados para lograr el aislamiento acústico:

■ **Plomo:** se trata del mejor aislante contra el sonido y las vibraciones. El problema es que en la actualidad está prohibida su utilización, ya que el plomo como aislante se presenta en láminas pesadas y flexibles fabricadas a base de caucho, betún, asfalto, etc.
■ **Cámaras de aire:** este espacio de aire hermético actúa eficazmente como aislante acústico. El aislamiento se incrementa si en el espacio que genera la cámara de aire colocamos materiales absorbentes como es el caso de celulosa, lana de roca o lana de vidrio. También hay que tener en cuenta la densidad del material absorbente instalado en la cámara para lograr un óptimo aislamiento.
■ **Hormigón y acero:** estos materiales son lo suficientemente rígidos y no porosos como para ser buenos aislantes.

 Nota

El plomo es el mejor aislante contra el ruido pero su utilización está prohibida.

9.5. Colocación de los aislantes

La empresa constructora debe almacenar los distintos aislantes, ya vengan en paneles o de otra forma, en locales secos, aireados y protegidos contra insectos y roedores.

Estos son algunos consejos generales para la correcta colocación de los aislantes:

■ Antes de su colocación, debe verificarse que el panel se encuentra en perfectas condiciones. Si el material aislante se encuentra, por ejemplo, deformado o húmedo, habrá que rechazarlo inmediatamente.

- La colocación de paneles y materiales aislantes debe realizarse sin humedad y sin el calor que pueden ofrecer herramientas como un soplete.
- El material aislante no debe ser comprimido, colocando los elementos perfectamente unidos, limitando al mínimo las regatas y orificios. Las juntas entre paneles serán acabadas mediante una venda adhesiva o similar.
- Si los paneles se van a colocar pegados, es el fabricante de estos el que recomendará el tipo de adhesivo.

 Recuerde

Antes de la colocación del aislante, debe verificarse que éste se encuentra en buen estado.

A continuación, se analizará la colocación de aislantes con más profundidad:

Colocación en paredes y cámaras

- Hay que preparar el soporte perfectamente, limpiando el polvo, grasa u otros desperdicios.
- Se coloca el adhesivo indicado para el aislante.
- Se coloca el aislante en el tabique haciendo presión y se descuelga de arriba a abajo. La adhesión puede incrementarse mediante masilla o pequeños puntos de espuma de poliuretano.
- Se repite el mismo proceso solapando con el siguiente panel.
- Unimos los paneles mediante el material indicado.

Colocación en cubiertas

- Al igual que anteriormente, se prepara el soporte limpiando perfectamente de polvo, grasa u otros desperdicios.
- El aislante se colocará a lo largo de toda la cubierta, realizando los correspondientes solapes.

- Por último, comentar que el aislante puede colocarse por debajo de la cubierta.

Colocación en suelos

- El aislante puede colocarse bajo las bandas del suelo, evitándose pérdidas de calor por el forjado del edificio.
- También puede colocarse directamente bajo una chapa de compresión de mortero y baldosa.

 Recuerde

Para colocar el aislante, la superficie debe estar limpia y exenta de polvo, grasa, etc.

 Aplicación práctica

Nos encontramos en una obra situada en la montaña, donde la temperatura es muy fría durante el invierno. Por ello, es necesario utilizar aislantes térmicos que no entre el frío ni salga el calor. Proponga una serie de soluciones utilizadas como aislantes térmicos.

SOLUCIÓN

Lo más lógico es utilizar materiales porosos o fibrosos tales como:

- Corcho: colocado formando paneles, se trata del material aislante más utilizado desde hace muchos años.
- Lana de roca: comercializado en paneles.
- Celulosa: papel reciclado y molido que, tras añadirle productos ignífugos, se convierte en buen aislante térmico.
- Poliestireno expandido: se comercializa en placas.

9.6. Formación de huecos

Los huecos son uno de los puntos singulares que forman parte de la obra ya que, por su carácter de vacío e interrupción de la fábrica, se convierten en puntos débiles.

Los principales huecos que se dan en las fábricas de albañilería son las ventanas y las puertas.

 Sabía que...

En los huecos se produce una disminución del aislamiento acústico y térmico.

En el hueco se producen encuentros de materiales constructivos diferentes, generalmente poco compatibles en cuanto a sus movimientos y uniones entre sí. Por ello, y entre otras cosas, la situación de los huecos debe estar bien estudiada y siempre de acuerdo con la modulación de los ladrillos.

Componentes de un hueco

Varios son los elementos que componen un hueco, siendo los siguientes los más destacados:

- **Dintel:** parte superior del hueco (puertas y ventanas) que carga sobre las jambas.
- **Jamba:** piezas verticales que, situadas en los lados de las puertas o ventanas, sostienen el dintel o el arco de ellas.
- **Cargadero:** parte resistente del dintel.
- **Antepecho:** cierre inferior del hueco de una ventana.
- **Alféizar:** plano del hueco de una ventana que define la coronación del antepecho.

Como se puede comprobar, para mostrar los componentes de un hueco nos hemos basado en la ventana, por lo que para una puerta hay que eliminar el antepecho y el alféizar.

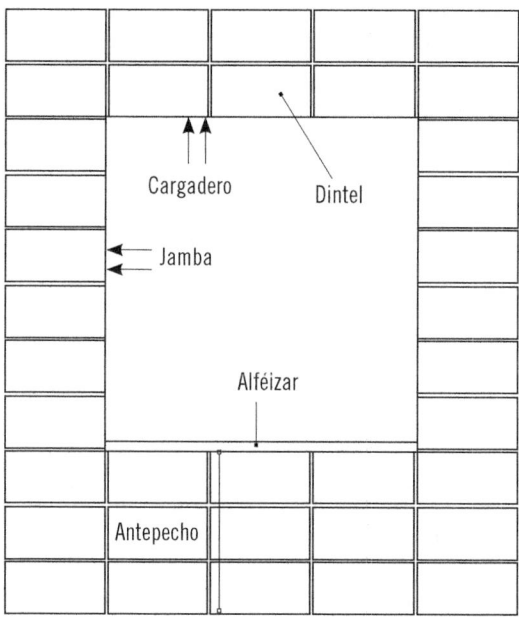

Carpintería

Los elementos de carpintería son muy importantes en el cerramiento, ya que son estos los que cierran los huecos.

 **Nota**

Los materiales más utilizados en ellos son madera, aluminio, plástico y acero.

Sean cuales sean los materiales utilizados, tienen que cumplir una serie de funciones de estabilidad y estanqueidad:

- Cierre generalmente de doble tope.
- Recogida de filtraciones.
- Vierteaguas colocados en la junta horizontal inferior.
- Ingletes debidamente sellados.
- Correcta unión con la fábrica.

La correcta unión del elemento de carpintería con la fábrica de ladrillo es fundamental. Por esta razón, en siguientes apartados se aportan soluciones constructivas que resuelven problemas, pero antes hay que conocer los principales elementos que intervienen directamente en la unión.

Precerco

Se trata del perfil fijo de madera o metálico que se sitúa entre la ventana y el hueco. En puertas se le conoce con el nombre de premarco.

Precerco metálico *Precerco de madera*

La misión del precerco o premarco es la de soportar el cerco y facilitar el replanteo del hueco. Su sección permitirá el buen acoplamiento a la fábrica y tendrá la superficie adecuada para recibir el cerco.

Los precercos o premarcos se colocan al mismo tiempo que se realizan los tabiques por lo que tienen que encontrarse en la obra cuando vayan a levantarse los muros.

 Nota

Precercos y premarcos deben colocarse perfectamente aplomados y escuadrados.

Cerco

Es el conjunto de perfiles fijos de una ventana que se incrusta en el precerco o se coloca directamente a la fábrica en caso de no poseer precerco.

Cerco de ventana

Mocheta

Rebaje en forma de ángulo entrante que se practica en el perímetro de un hueco con el fin de encajar el cerco y precerco de la ventana.

 **Nota**

Es recomendable que la mocheta sea interna, para poder colocar la carpintería desde el interior.

La función de la mocheta es proporcionar protección frente a la lluvia y viento a la junta entre muro y cerco. Así mismo, facilita el acoplamiento del precerco o cerco, de manera que se puedan absorber movimientos diferenciales.

En los muros de dos hojas es sencillo obtener la mocheta sin necesidad de cortar las piezas, retranqueando ligeramente la hoja interna.

Colocación de las ventanas y puertas

Las ventanas y puertas deben cumplir con una serie de exigencias, como es el caso de la resistencia mecánica, la estanqueidad al agua y al aire, el comportamiento térmico y acústico, etc.

Como las puertas las suelen colocar sus propios fabricantes, nos centraremos en las ventanas. Estas habitualmente salen montadas del taller, por lo que en la obra los albañiles solo tienen que fijarlas a la fábrica.

Colocación de una ventana

Para colocar la ventana pueden seguirse lo siguientes pasos:

1. Realizar el hueco de acuerdo con las dimensiones de la ventana proyectada, teniendo en cuenta las mochetas.
2. Se recomienda colocar una barrera impermeable entre la hoja exterior y la interior para que no exista humedad en el área del hueco.
3. El precerco se aloja en la mocheta y se fija a la hoja interior.
4. Rellenamos las juntas con un material que tenga la suficiente elasticidad para absorber las dilataciones diferenciales, logrando una unión no rígida.
5. A continuación, se coloca el cerco sobre el precerco, sujetándolo y sellando la junta entre ambos de manera que sea totalmente estanca.
6. El precerco quedará oculto al exterior, apareciendo solo la junta entre cerco y fábrica. Esta junta debe sellarse siempre y en todo su perímetro con silicona neutra.

El **sellado de las juntas** es un proceso fundamental para que la colocación de las ventanas sea un éxito, además de impedir el paso del agua, aire, polvo, etc.

 Recuerde

Se recomienda colocar una barrera impermeable entre la hoja exterior y la interior para que no exista humedad en el área del hueco.

La silicona es el producto más utilizado para realizar el sellado. Esta tiene que cumplir una serie de requisitos:

- Debe ser resistente al paso del tiempo.
- Tiene que resistir el ataque de agentes agresivos.

- Adherirse perfectamente a los elementos constructivos.
- Mantener la estanquidad ante los movimientos producidos por las dilataciones térmicas entre el día y la noche, y las solicitaciones mecánicas debidas al viento, vibraciones, movimiento, uso, etc.

Para que la silicona sea efectiva, en primer lugar, hay que limpiar la superficie y eliminar cualquier obstáculo que impida la óptima adhesión. Además, el cordón de silicona tiene que penetrar bien en la junta, aplicándose un grueso de 6 a 8 mm como mínimo.

Por último, aunque el fabricante de silicona indique que su producto es duradero en el tiempo, los cordones de sellado deben ser revisados de vez en cuando para comprobar que continúan siendo efectivos y, en caso de no serlos, sustituirlos.

 Aplicación práctica

Supongamos que han llegado las ventanas a la obra. Tras colocarlas, hay que proceder al sellado de las juntas. Cite los pasos a seguir para que se dé un correcto sellado.

SOLUCIÓN

| Limpiar la superficie y eliminar cualquier obstáculo que impida la óptima adhesión.
| El cordón de silicona tiene que penetrar bien en la junta, aplicándose un grueso de 6 a 8 mm como mínimo.
| Los cordones de sellado deben ser revisados de vez en cuando para comprobar que continúan siendo efectivos.
| En el caso de que los cordones no sean efectivos, hay que sustituirlos.

9.7. Arcos

El arco es una solución constructiva que transmite las cargas hacia los laterales de los huecos mediante la disposición geométrica de sus elementos más que por la resistencia de los mismos. Es decir, el arco transmite las cargas, propias o de otros elementos, a los muros o pilares que lo soportan.

Puertas de entrada basadas en arcos de medio punto

Es un recurso estructural usado desde la antigüedad en numerosas construcciones, fuesen del tipo que fuesen, como podemos observar en las fotografías referidas al Acueducto de Segovia y las Termas de Caracalla.

Acueducto de Segovia

Termas de Caracalla

 Nota

La estructura del arco hace que todos sus elementos trabajen solo a la compresión. Estos esfuerzos son transmitidos a los soportes, situados en sus extremos, en forma de empujes laterales.

Dentro del arco hay que destacar las dovelas, es decir, los elementos constructivos que lo constituyen. Las dovelas pueden ser de ladrillos pero también existen dovelas de hormigón o de piedra.

Arco cuyas dovelas son de ladrillo

A continuación, vamos a analizar dos aspectos muy importantes:

Descarga del peso y estabilidad del arco

El material que conforma el arco, como es lógico, tiende a caer al suelo por el peso. Es aquí donde las dovelas juegan un papel esencial ya que, como poseen forma trapezoidal, su parte exterior, más ancha, no cabe por la parte interior que es más estrecha. De esta manera, la dovela central, (clave) al no poder caer por su forma de trapecio, queda encajada horizontalmente en las dos piezas laterales (las contraclaves).

 Nota

Si las dovelas están bien construidas no habrá ningún problema de estabilidad.

Llegado a este punto, hay que destacar que el punto débil del arco está en las impostas, es decir, la línea de materiales sobre la que se asienta el arco. Si estos elementos sustentantes no son lo suficientemente firmes, se abrirían hacia el exterior aumentando el espacio entre las dovelas y permitiendo que la parte superior, más ancha, cupiera por la parte inferior, más estrecha.

Si las impostas no son firmes pueden provocar la caída de las dovelas, y consecuentemente del arco

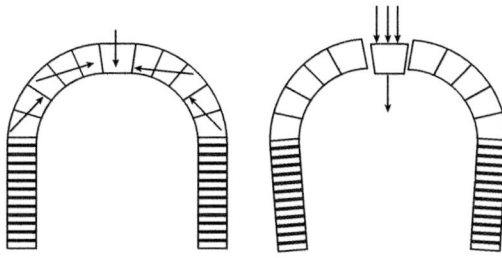

Variaciones de altura y anchura de los soportes

El tamaño de los arcos no afecta a su capacidad como elemento estructural sino que es la técnica utilizada en su construcción el factor determinante.

Al elevar los elementos sustentantes del arco hay más peligro de que este caiga. Por ello, aparte de una óptima construcción, hay que reforzar los elementos sustentantes para que el arco no se abra.

Por otro lado, la anchura del arco no es un factor determinante. Un arco ancho puede ser tan estable como otro de menor anchura y lo único que varía es que el número de dovelas será mayor.

 Recuerde

La anchura del arco no es determinante para su estabilidad.

Aunque estos arcos son de distinta anchura, pueden ser igual de estables

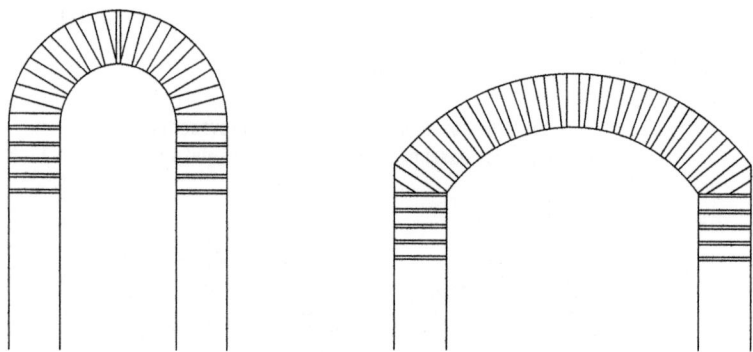

Partes de un arco

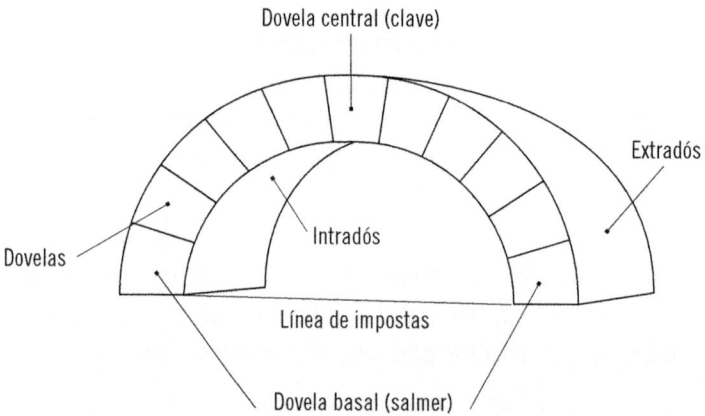

Como podemos observar en la figura anterior:

- La dovela del centro, llamada clave, es la que cierra el arco.
- Cada una de las dovelas de la base (las de arranque) se llaman salmer y son las que reciben el peso.
- La parte interior de una dovela se llama intradós, siendo el extradós la parte exterior. En función del intradós realizaremos más adelante una tipología de los arcos.

Las dovelas absorben los esfuerzos de compresión en sus dos caras opuestas, por las otras dos laterales.

Poseen una forma trapezoidal, con mayor anchura en la parte exterior que en la interior, mientras que pueden ser planas en su parte frontal y trasera.

 Nota

Para que un arco sea estable, cada una de las piezas debe estar bien calculada y los lados por los que se unen deben estar muy bien trabajados.

El siguiente dibujo puede clarificar aún más las partes de un arco:

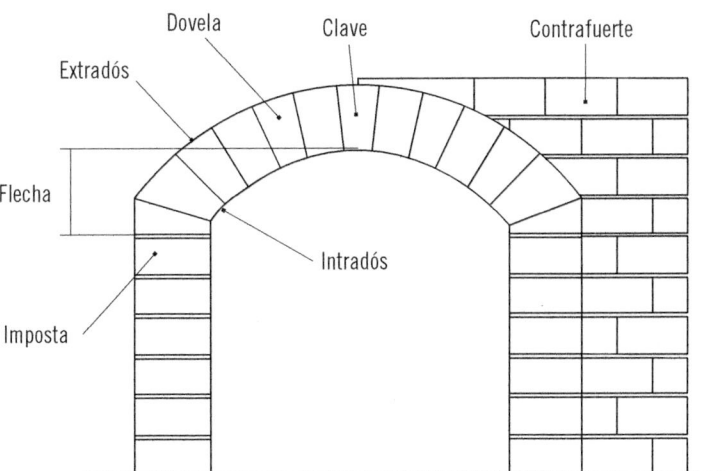

Tipos de arcos

Hay muchos aspectos a tener en cuenta a la hora de realizar una clasificación de los arcos.

Es el intradós, la parte inferior de las dovelas, el aspecto que vamos a tener en cuenta para realizar la siguiente clasificación, pero antes se ofrecen una serie de definiciones para comprender mejor la clasificación:

- **Centro:** puede estar por encima o por debajo de la imposta. Puede haber más de un centro.
- **Flecha:** altura del arco que se mide desde la línea en que arranca hasta la clave.
- **Luz:** anchura de un arco.
- **Semiluz:** mitad de la anchura de un arco.
- **Esbeltez:** relación entre la flecha y la luz. Se expresa generalmente como fracción (1/2, 1/4, etc.).

Como se ha comentado anteriormente, es el intradós el aspecto que se ha tenido en cuenta para realizar la clasificación de arcos:

Arcos de un centro

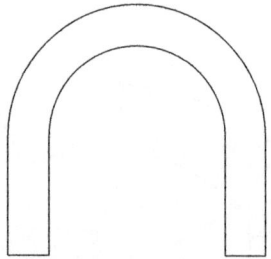

Entre los arcos de un solo centro, destacamos los siguientes:

Arco de medio punto

El centro de la circunferencia está a la altura de las impostas, por lo tanto, su flecha es igual a la mitad de su luz.

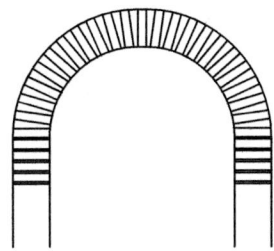

Arco de herradura

El peralte no es rectilíneo sino curvilíneo. La curva del arco pasa del semicírculo y el centro se halla por encima de la línea de impostas.

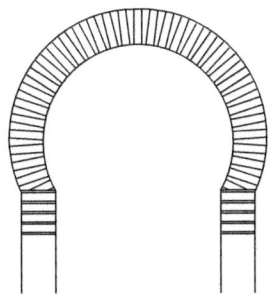

? Sabía que...

El arco de herradura fue muy utilizado en la España musulmana, sobre todo, en Córdoba durante el periodo califal.

Arco peraltado

Es aquel en el que la altura de su flecha es mayor que su semiluz.

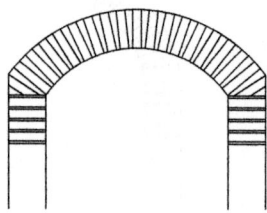

Arco rebajado

Cuando la flecha es menor que la semiluz. Así es el arco escarzano, cuya curva no llega a semicircunferencia y cuyo centro está por debajo de las impostas.

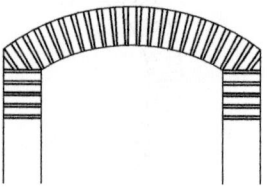

Arcos de dos centros

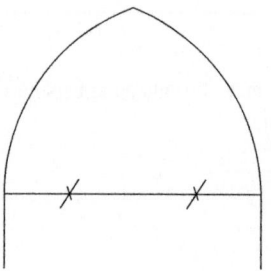

Dentro de los arcos de dos centros, destacan los siguientes:

Arco apuntado

También llamado arco ojival, está compuesto por dos tramos de arco formando un ángulo central, en la clave.

Arco rampante, por tranquil o arco cojo

Es el que tiene sus salmeres a distinta altura.

Arcos de tres o cuatro centros

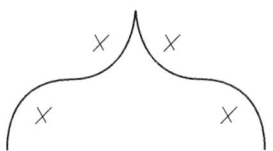

Aunque hay varios tipos de arcos de tres o más centros, por su importancia solo destacamos los siguientes:

Arco lobulado

Este arco se abre sobre un arco apuntado, los lóbulos son de herradura e impares, para que uno corresponda a la clave. Podemos encontrar arcos lobulados desde tres a siete lóbulos, siendo trilobulados o polilobulados.

? Sabía que...

El arco lobulado fue muy utilizado por los árabes en España pero fue importado de Oriente en el siglo X.

Arco carpanel o apainelado

Posee dos centros en la línea de las impostas y otro por debajo de ella.

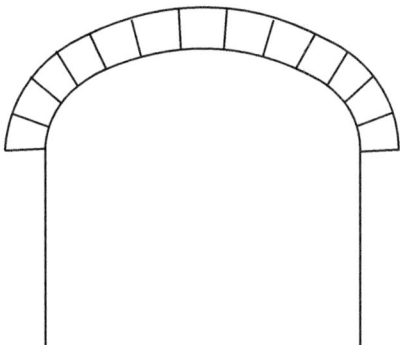

Construcción de un arco

Para construir un arco, en primer lugar, se recomienda realizar una plantilla con la forma y las dimensiones de este. Esta plantilla también servirá de base para la fabricación de la cimbra, es decir, la estructura de madera que posee la forma del arco por su parte interior (intradós) y sobre la cual se colocarán las dovelas mientras se va construyendo el arco.

Una vez fabricadas las dovelas y los elementos sobre los que se va a colocar el arco, se instala la cimbra. Para ello, la parte superior de los elementos sustentantes tienen que tener un saliente a cada lado (imposta).

A continuación, se van colocando las distintas dovelas sobre la cimbra a derecha e izquierda comenzando por los salmeres, es decir, por las dovelas de arranque (las de la base). El proceso de colocación culmina cuando se instala la clave en la parte superior, quedando el arco cerrado.

Finalmente se retira la cimbra deslizándola de las impostas.

 Recuerde

Para facilitar la construcción de un arco, en primer lugar, es recomendable realizar una plantilla con la forma y las dimensiones de este.

9.8. Muros curvos

Siempre que se vaya a levantar un muro o tabique cuya directriz sea curva, en primer lugar debe realizarse el replanteo de acuerdo con esta directriz.

Al realizar este tipo de muros es muy fácil cometer errores ya que no puede utilizarse la cuerda guía colocada en las miras. Por ello, se exigirá un especial control en la alineación y aplomado de las juntas horizontales y verticales.

Muro curvo

 Recuerde

Es muy fácil cometer errores al realizar muros curvos ya que no puede utilizarse la cuerda guía colocada en las miras. Por ello, se exigirá un especial control en la alineación y aplomado de las juntas horizontales y verticales.

Se aconseja realizar una plantilla indeformable, lo más extensa y manejable posible, con la curvatura cóncava o convexa, según el plano de la cara vista sea convexo o cóncavo, para ir comprobando y ajustando periódicamente la curvatura proyectada.

También se prestará especial atención a la ejecución y a la distancia entre las juntas de movimiento, puesto que al dilatar la hoja exterior aumenta el radio de su directriz, con la consecuente separación de la hoja interior y de la estructura, llegando este hecho incluso a causar problemas de estabilidad al muro.

10. Control de calidad

Algunas obras de construcción, sobre todo las producidas en masa, descuidan la calidad, algo que finalmente el cliente o usuario final es quien sufre. Por ello, el control de calidad en las obras de construcción es un hecho necesario para la correcta ejecución de estas.

La exigencia del control de calidad tiene que ser implantada como norma general, para evitar no solo la insatisfacción del usuario, sino riesgos y pérdidas debido al poco o inexistente control.

Es el promotor quien debe ser el primer interesado en exigir un control de calidad en la edificación, y así evitar sorpresas desagradables, que siempre se convierten en excesos de costes.

Para realizar un correcto planteamiento del control de calidad en una obra de construcción, el promotor cuenta con la ayuda de la dirección facultativa, arquitecto y aparejador, a los cuales se les debe exigir que, como profesionales en la materia, propongan un programa de seguimiento de calidad adecuado a cada tipología de obra.

Pero el resto de trabajadores de la obra también tienen que poner de su parte ya que son los propios albañiles los que están realizando directamente el trabajo.

10.1. Planeidad

La planeidad o planicidad de un muro puede definirse como la cualidad o el grado de nivelación que posee este.

Hay que tener en cuenta que el remate final de lisura de la pared se consigue con el revestimiento, pero si la planeidad del muro realizado es elevada, se reducirán los espesores de los revestimientos.

Nota

Una alta planeidad del muro facilita el trabajo y puede terminarse con el acabado que más le guste: alicatado, yeso, estuco, etc.

Por ello, hay que comprobar asiduamente el grado de planeidad con una regla, no admitiendo variaciones superiores a 5 milímetros cada 2 metros. La regla tiene que ser totalmente recta y de unos 2 metros de longitud.

En el caso de grandes irregularidades profundas, hay que rellenar con mortero los huecos y coqueras del soporte.

Si lo que nos encontramos son salientes pronunciados, como mortero endurecido entre las llagas de los ladrillos, hay que quitarlo con la ayuda de las herramientas más convenientes.

Aplicación práctica

Supongamos que estamos levantando una pared interior y, como es lógico, hay que comprobar la planeidad de esta. ¿Cómo conseguiremos una óptima planeidad?

SOLUCIÓN

I Utilizaremos una regla totalmente plana y limpia de unos 2 metros de longitud.
I Comprobaremos cada 2 metros la planeidad del muro.
I Si encontramos irregularidades profundas, hay que rellenar con mortero los huecos.
I Si encontramos salientes pronunciados, hay que proceder a su eliminación.

10.2. Desplome

En construcción, y referido a una pared, controlar el desplome de esta consiste en comprobar si es totalmente vertical. Por ello, el aplomado debe realizarse correctamente, siendo el albañil encargado de ejecutar la fábrica el que debe comprobar el aplomado a medida que la va levantando. Así se asegurará de la correcta verticalidad de la pared.

No se admitirán los siguientes valores de desplome:

- Desplome superior a 10 milímetros en 3 metros de muro.
- Desplome superior a 30 milímetros en el total del muro.

El instrumento utilizado para comprobar y controlar el desplome toma el nombre de esta función a la que está encomendado: la **plomada.**

Como se dijo anteriormente, se trata de un instrumento que consta básicamente de una cuerda y una pesa normalmente de plomo.

 Sabía que...

La plomada, aunque se trata de un accesorio ligero, es muy resistente a los golpes.

Cada vez que el peso cae, tensando el hilo, nos marca la verticalidad de la fábrica realizada. Para utilizar correctamente la plomada, hay que apoyarla en una superficie, dejar caer la pesa y comprobar si la pared está o no inclinada.

10.3. Horizontalidad de las hiladas

Para que se dé una correcta horizontalidad de las hiladas, hay que comenzar nivelando y limpiando la superficie. Cuando haya huecos en la superficie hay que rellenarlos con mortero.

La primera hilada se fija a la superficie con mortero y así vamos levantando la fábrica, es decir, hilada tras hilada.

La horizontalidad de las hiladas depende en gran parte de guiarnos por el hilo que se sitúa en las miras.

La horizontalidad de las hiladas de la fábrica de ladrillos hay que comprobarla varias veces en cada muro. Para dicha comprobación hay que colocar sobre la última hilada una regla de albañil, de 1 metro aproximadamente.

 Nota

La regla que hay que utilizar para comprobar la horizontalidad de las hiladas tiene que estar totalmente plana y limpia.

Encima de la regla situaremos un nivel de burbuja, ajustando la horizontalidad de la hilada dando pequeños golpes a los ladrillos con el mango de la paleta antes de que endurezca el mortero.

El nivel de burbuja indica el nivel gracias a un tubo transparente que contiene líquido y una burbuja de aire en su interior. Cuando esa burbuja se encuentra en el centro de dos marcas realizadas en el tubo previamente, se considera que la superficie está nivelada. Los niveles de burbuja más habituales están fabricados en aluminio plástico o madera, con forma alargada y estrecha.

Una variación superior a 2 milímetros por cada metro es un valor inadmisible para la horizontalidad de las hiladas.

 Recuerde

Cuando la burbuja del nivel se encuentre en el centro de las dos marcas, se considera que la superficie está nivelada.

10.4. Alturas parciales y totales

A las alturas parciales y totales de las fábricas de ladrillos también hay que hacerles controles de calidad.

Tanto en unas como otras, un error superior a 25 milímetros es un valor inadmisible en el muro.

10.5. Espesor de juntas

Los diferentes espesores de juntas de mortero en cada uno de los elementos estructurales es un hecho a tener en cuenta porque puede tener cierta repercusión en el comportamiento estructural del edificio, ya que influye directamente en sus parámetros fundamentales: deformabilidad y resistencia.

Hay estudios que demuestran que la junta de mortero es un factor determinante en el comportamiento estructural de la fábrica.

La granulometría del mortero que se desee emplear tendrá una relación directa con el espesor de la junta:

- Para juntas menores a 5 mm, el tamaño máximo del árido será de 2 mm.
- Si la junta va a estar entre 5 y 15 mm, el tamaño máximo de árido será de 3 mm.
- Si las dimensiones de la junta se sitúan entre 15 y 20 mm, el árido no sobrepasará los 5 mm.

El espesor de las juntas dependerá de la terminación que se desee. Lo habitual será un espesor no mayor de 10-12 mm, mientras que en ladrillos finos prensados se reducen a 4 o 5 mm. Entre cada pieza debe quedar una distancia mínima que permita absorber las tolerancias propias del ladrillo, así como las de colocación. Cuando se quieran utilizar llagas muy delgadas, habrá que tener en cuenta las tolerancias del ladrillo elegido.

El control del espesor de las juntas se realizará con la máxima precisión y de acuerdo con las especificaciones del proyecto, siendo valores no aceptables los que superen los 2 milímetros en el tendel y los 4 en la llaga.

 Recuerde

Entre cada pieza debe quedar una distancia mínima que permita absorber las tolerancias propias del ladrillo, así como las de colocación.

10.6. Aparejo

Como por aparejo entendemos la distribución concreta que reciben los ladrillos en las diferentes hiladas, el control radica en la existencia de una trabazón adecuada de cada una de las hiladas con la inmediata inferior y con la inmediata superior.

El control propiamente dicho del aparejo se realiza a simple vista.

Dentro del control del aparejo, hay que tener muy en cuenta la elección del tipo de aparejo, ya sea por razones constructivas (función y grosor de la pared), fines estéticos (aunque no sea el tema tratado, en las fábricas a cara vista), etc.

10.7. Enjarjes en esquinas y encuentros

El enjarje de los muros es otro de los elementos que necesita un control para su adecuada ejecución. Se realizará un control cada 10 metros, además de uno por planta.

En los enlaces entre muros se respetarán los criterios de hiladas generando enjarjes que garanticen la traba de todas las hiladas.

 Nota

En los casos en los que sea necesario se emplearán las piezas especiales que el fabricante prevé para ello.

No obstante, hay que comentar que el empleo de enjarjes plantea serias dificultades para el correcto relleno de las juntas al enlazar la fábrica, y que, por desigualdades de asiento, pueden aparecer roturas locales.

10.8. Juntas

La importancia de las juntas es vital para evitar problemas que pueden aparecer con el tiempo; claros problemas son deformaciones y zonas agrieteadas cuando se dan ciclos de contracción y dilatación. Para evitar los problemas lo máximo posible, entre las distintas piezas que conforman una fábrica hay que interponer las correspondientes juntas.

Juntas de relleno

Hay que exigir y controlar el correcto relleno con mortero ya que una ejecución deficiente puede provocar algún tipo de problemas. En tiempo de lluvia, el agua pueda penetrar hacia el intradós del muro cuando encuentre algún punto vulnerable, que generalmente suele ser una junta de mortero mal ejecutada. Por este motivo es muy importante la correcta ejecución de la junta en todo el espesor de la fábrica.

 Nota

La práctica habitual de tapar la junta solo por el exterior no asegura la impermeabilidad del paramento.

Para controlar perfectamente las juntas, estas se realizarán con la máxima precisión y de acuerdo con las especificaciones del proyecto en cuanto a espesor, forma, textura, etc.

La forma y el aspecto definitivo de la junta se obtendrán mediante el llagueado de la misma. Esta operación se realiza cuando se está ejecutando la fábrica y antes de que haya fraguado el mortero, repasando las juntas con el llaguero o con la paleta, y teniendo precaución para no arrastrar el mortero. Sea cual sea el aspecto estético que se quiera obtener, se evitará la acumulación de agua, facilitando su evacuación.

10.9. Juntas de movimiento

Para realizar el control de estas, hay que tener en cuenta que antes de introducir el material elástico en la junta y proceder al sellado de la misma:

- La superficie interior de la junta debe estar limpia y libre de mortero.
- Las juntas de mortero de las hiladas horizontales deben estar perfectamente llenas, para evitar que el material sellante penetre en ellas.
- Debe haber una junta de movimiento en cada junta estructural.
- El espesor de la junta debe ser constante.
- Antes de proceder al llenado de la junta, la fábrica debe estar seca.

 **Recuerde**

La forma y el aspecto definitivo de la junta se obtendrán mediante el llagueado de la misma.

10.10. Aplomado de llagas

En la ejecución de fábricas a revestir también hay que tener en cuenta el control del aplomado de las llagas verticales.

Podemos realizar dos tipos de aplomado de las llagas:

- **Aplomado parcial:** cuando se esté realizando el levantamiento de la fábrica es necesario hacer varios controles de las llagas. Se debe ejecutar el aplomado de las llagas cada tres metros, no aceptando variaciones superiores a 10 mm en estos 3 metros.
- **Aplomado total:** el aplomado se realiza en toda su altura, no admitiendo variaciones superiores a 15 mm en toda la altura.

10.11. Limpieza y apariencia

La limpieza de la fábrica de ladrillo es fundamental para la correcta ejecución de esta.

Para facilitar la labor de los trabajadores, durante y tras la construcción de la fábrica, se procurará no mancharla, no solo por los albañiles que intervienen en su ejecución, sino también por otros trabajadores de la obra. En ocasiones, habrá que proteger la fábrica mediante plásticos u otros elementos cuando se realice junto a ella algún trabajo que la pueda manchar como, por ejemplo, la aplicación de morteros proyectados, pinturas, etc.

Si, a pesar de haber tomado las medidas necesarias, la fábrica llega a mancharse, habrá que seguir las siguientes recomendaciones para lograr una buena y fácil limpieza:

- Antes de proceder a su limpieza, la fábrica debe estar completamente seca.
- La limpieza debe realizarse al final de la obra, aunque la masa sobrante de mortero entre las llagas debe ir retirándose sobre la marcha.
- Si se quiere eliminar los restos de mortero durante la ejecución de la fábrica, no se utilizarán estropajos ni esponjas húmedas.

Cuando el material incrustado es muy difícil de limpiar, habrá que tomar otras medidas:

- Humedecer la zona a limpiar con agua.
- Si es necesario, aplicar un producto limpiador específico.
- Cepillar con fuerza la zona.

Cepillado

■ En ocasiones, habrá que hacer uso de herramientas como martillo y cincel, piqueta, etc.

Recuerde

Se mojará la zona a limpiar para que el material incrustado se ablande y sea más fácil extraerlo.

Las operaciones de limpieza y aclarado se realizarán simultáneamente y sin demora entre ambas:

■ Si se emplean productos especiales, hay que tener en cuenta que pueden dañar la fábrica. Por ello, además de leer las especificaciones del producto, hay que realizar pruebas previas para conocer la reacción del ladrillo.
■ Cuando se emplee chorro de agua a presión, debe realizarse una prueba para comprobar que no se daña la junta de mortero.
■ La limpieza se efectuará comenzando por la parte superior de la fachada, con objeto de evitar el ensuciamiento de las zonas tratadas.

Consejo

Se deben leer bien las instrucciones de productos especiales que vayan a ser utilizados en la limpieza de la fábrica por si son perjudiciales para los materiales.

Aplicación práctica

Supongamos que hemos tenido que abandonar la fábrica que estábamos ejecutando porque otros trabajadores (perliteros) necesitaban espacio suficiente para realizar su trabajo, que es revestir una serie de paredes de la misma zona. ¿Qué medidas hay que tomar para evitar la suciedad en nuestra fábrica? En el caso que, a pesar de las medidas adoptadas, se haya ensuciado nuestra pared, ¿qué hay que hacer?

SOLUCIÓN

Como medida preventiva, hay que proteger la fábrica mediante plásticos u otros elementos.

En el caso de que la perlita haya llegado a nuestra pared:

▌ Realizar la limpieza siempre que la fábrica esté seca.
▌ Si la perlita se ha incrustado con fuerza en los ladrillos y es complicada de quitar, se humedecerá la zona con agua, cepillaremos con fuerza.
▌ Si sigue siendo complicada la limpieza de la perlita, puede hacerse uso de productos limpiadores específicos, siempre que hayamos leído las instrucciones y haber realizado una prueba previa.
▌ Otra solución es hacer uso de herramientas para extraer la perlita, caso de la piqueta o martillo y cincel.

11. Defectos de ejecución habituales: causas y efectos

Una gran parte de los defectos que surgen en los edificios tienen su origen durante la fase de ejecución.

Las principales causas de los daños que sufren los edificios pueden ser, por un lado, la escasez de cualificación de la mano de obra que interviene en la fase de construcción. Ello da lugar a la falta de conocimiento del trabajo a realizar, casos de negligencia, etc. Por otro lado está la falta de control y supervisión por parte del personal encargado de la dirección de la obra, y por último, la exigencia para que se cumplan los plazos en la obra.

11.1. Descripción y origen de los daños

Analizando más profundamente, podemos afirmar que los daños por defecto en la puesta en obra pueden originarse por:

- Errores de replanteo.
- Modificaciones del proyecto.
- Incumplimiento de normativa.
- Falta de definición del proyecto.
- Modificaciones en los materiales.

A continuación, se analizarán los principales daños producidos por una mala ejecución de la obra. Según nos encontremos en una u otra fase de la construcción de la fábrica de ladrillos, podemos cometer los siguientes errores:

Fase de replanteo

En la fase de replanteo es algo habitual colocar pilares y muros incorrectamente.

Otro error puede ser la falta de alineación vertical, lo cual provoca excentricidades no contempladas en el proyecto.

Fase de ejecución de cerramientos

Un error habitual puede ser el apoyo insuficiente del cerramiento en el forjado.

Otro problema puede provenir de la falta de anclaje. Si el cerramiento y la estructura no están anclados en determinados puntos, el muro puede pandear y, en consecuencia, fisurarse, incluso desprenderse.

Fase de ejecución de cubiertas

En las cubiertas se pueden cometer errores tales como la incorrecta colocación de sus materiales.

La incorrecta colocación de los materiales en la cubierta puede provocar daños considerables ya que se pueden dar filtraciones de agua.

Otros errores habituales pueden ser la colocación de materiales inadecuados y el tratamiento incorrecto de puntos singulares (longitud de pesos, caballetes, etc.).

Fase de colocación de instalaciones

Las instalaciones deben colocarse y pasar por lugares adecuados. Por ejemplo, hay veces que se perforan vigas y viguetas para instalar el bajante. Este hecho afecta tanto al hormigón como a la armadura, provocando la pérdida de resistencia, mayores deformaciones y redistribución de los esfuerzos.

Por otro lado, la colocación de elementos de carpintería (puertas, persianas, etc.) puede ocasionar daños en el acabado de la obra.

11.2. Prevención de los daños

Actuar correctamente y con cuidado es una de las medidas preventivas para evitar los posibles daños en la fábrica de ladrillos pero también hay que contar con los medios necesarios para evitar improvisaciones de última hora:

- Proyectos bien definidos.
- Formación adecuada de los trabajadores.
- Control de la obra y supervisiones adecuadas.
- Cumplimiento de la normativa.
- Realizar correctamente el replanteo.

 Recuerde

Hay que trabajar correctamente y con cuidado.

Otras actuaciones destinadas para prevenir los posibles daños son:

- **Actuaciones durante la fase de ejecución de los cerramientos:** hay que tomar las medidas necesarias para garantizar la estabilidad de los muros, como arriostrarlo siempre que sea necesario.
- **Actuaciones durante la fase de ejecución de cubiertas:** además de cumplir la normativa referida a cubiertas, hay que seguir las indicaciones ofrecidas en el proyecto para pendientes, caso de encuentros con paramentos verticales, solapes de los elementos que conforman el material de cubrición, etc.
- **Actuaciones durante la fase de colocación de instalaciones:** con respecto a las instalaciones, hay que realizar el trazado de estas conforme aparece en el proyecto. De este modo, se evitan problemas y tener que improvisar.

11.3. Reparación de los daños

La prevención está ideada para anticiparnos a los daños y todos los problemas que acarrea la reparación de estos.

La reparación de los daños puede variar desde simples sustituciones, cuando los elementos afectados son aislados, hasta daños que afectan a toda la estructura, en cuyo caso habrá que realizar un estudio pormenorizado del problema y costosas reparaciones, incluso demoliciones.

 **Recuerde**

La reparación de los daños puede evitarse tomando medidas preventivas.

12. Puesta en práctica de las medidas preventivas planificadas para ejecutar los trabajos, de fábricas de ladrillos para revestir, en condiciones de seguridad

En el anterior capítulo se analizaron los procesos y condiciones de seguridad que deben cumplirse en las operaciones de fábricas de albañilería para revestir. Se indicaron las causas y factores de riesgo más importantes, además de citar las medidas preventivas a tomar ante los principales riesgos. Pero ello nunca será posible si los propios trabajadores no siguen los consejos y medidas de seguridad.

12.1. Obligaciones de los trabajadores en materia preventiva

Según el artículo 29 de la Ley 31/1995 de Prevención de Riesgos Laborales, los trabajadores tienen una serie de obligaciones en materia preventiva. Si siguen estas obligaciones pondrán en práctica las medidas planificadas con anterioridad en los planes de prevención, estudios de seguridad, etc. Literalmente, parte del citado artículo 29, dice lo siguiente:

1. *Corresponde a cada trabajador velar, según sus posibilidades y mediante el cumplimiento de las medidas de prevención que en cada caso sean adoptadas, por su propia seguridad y salud en el trabajo y por la de aquellas otras personas a las que pueda afectar su actividad profesional, a causa de sus actos y omisiones en el trabajo, de conformidad con su formación y las instrucciones del empresario.*

2. *Los trabajadores, con arreglo a su formación y siguiendo las instrucciones del empresario, deberán en particular:*

   1.º *Usar adecuadamente, de acuerdo con su naturaleza y los riesgos previsibles, las máquinas, aparatos, herramientas, sustancias peligrosas, equipos de transporte y, en general, cualesquiera otros medios con los que desarrollen su actividad.*

   2.º *Utilizar correctamente los medios y equipos de protección facilitados por el empresario, de acuerdo con las instrucciones recibidas de éste.*

   3.º *No poner fuera de funcionamiento y utilizar correctamente los dispositivos de seguridad existentes o que se instalen en los medios relacionados con su actividad o en los lugares de trabajo en los que ésta tenga lugar.*

4.º *Informar de inmediato a su superior jerárquico directo, y a los trabajadores designados para realizar actividades de protección y de prevención o, en su caso, al servicio de prevención, acerca de cualquier situación que, a su juicio, entrañe, por motivos razonables, un riesgo para la seguridad y la salud de los trabajadores.*

5.º *Contribuir al cumplimiento de las obligaciones establecidas por la autoridad competente con el fin de proteger la seguridad y la salud de los trabajadores en el trabajo.*

6.º *Cooperar con el empresario para que éste pueda garantizar unas condiciones de trabajo que sean seguras y no entrañen riesgos para la seguridad y la salud de los trabajadores.*

Es obligación del trabajador utilizar correctamente la radial, al igual que cualquier otro tipo de máquina, equipo y herramienta

 ## Recuerde

Corresponde a cada trabajador velar por su seguridad y por la de aquellos que pueda afectar su actividad.

13. Resumen

Al realizar una fábrica de ladrillos para revestir hay que tener en cuenta una serie de condiciones, ya sean previas al levantamiento de la fábrica (superficie nivelada, limpia, etc.) o mientras se está levantando (lluvia, viento...).

El proceso en sí de levantar la fábrica con ladrillos se resume en replanteo, colocación de las miras y señalización en estas de las alturas, humectación de los ladrillos, colocación de las distintas hiladas y, por último, control de la verticalidad y horizontalidad de estas. Importante durante el levantamiento es el control de las juntas, ya sean juntas de mortero o juntas de movimiento.

Cambiando de tema, hay que tener en cuenta la importancia de controlar el material que llega a la obra, en este caso los ladrillos, y su adecuado acopio.

Respecto al cortado de los ladrillos, este debe realizarse mediante un sistema hidráulico, ya que de esta manera el corte será más preciso. Desaconsejable es cortar con la radial, la sierra de corte, el cincel y la paleta de albañil.

Por otro lado, es importante tener en cuenta que las condiciones meteorológicas pueden afectar a las construcciones. Por ello, en el proyecto de obra se dará respuesta a los problemas que pueden acarrear los agentes meteorológicos.

También es de suma importancia realizar correctamente el encuentro de las fábricas de ladrillos con los puntos singulares (cubierta, forjado...) porque suelen ser zonas donde se dan tensiones.

El control de calidad también es un hecho que debe llevarse a cabo porque verificará que la obra, o parte de esta, posee las características de calidad especificadas en el proyecto.

Por último, es esencial que en las obras de albañilería, entre las que se encuentran las realizadas con ladrillos, pueden darse una serie de errores, los cuales probablemente generarán defectos y futuros problemas. Para reducir los hay que contar con trabajadores cualificados, los cuales deben realizar las tareas sin prisas y controlándolas.

Ejercicios de repaso y autoevaluación

1. ¿Cómo se nivelará una superficie desnivelada?

_____

_____

2. Si el acopio se realiza en zonas de tránsito, se tendrá en cuenta...

_____

_____

3. ¿Qué tipo de construcciones permiten repetir de forma sistemática los mismos detalles, sea cual sea el proyecto?

_____

_____

4. ¿Qué tipo de ladrillos son los únicos que no deben mojarse antes de su puesta en obra?

_____

_____

5. ¿Qué hay que hacer para conseguir la máxima homogeneidad de los ladrillos a colocar?

_____

_____

6. ¿Cuántas horas deben transcurrir desde el corte de los ladrillos hidrofugados hasta su colocación?

_____

_____

7. Los muros y tabiques recién ejecutados tienen que mantenerse húmedos, sobre todo cuando el tiempo es extremadamente...

_____

_____

8. ¿Con qué tipo de material se colocará la albardilla?

_____

_____

9. Un valor inadmisible en la horizontalidad de las hiladas es...

_____

_____

10. ¿Qué puede ocurrir si el cerramiento y la estructura no están anclados?

_____

_____

Capítulo 3

Ejecución de fábricas de bloque para revestir

Contenido

1. Introducción

El bloque de hormigón es un paralelepípedo rectangular prefabricado con numerosos celdas de paredes delgadas, que los convierten en piezas factibles de maniobrar en obras, además de ser muy aislantes.

Se elaboran a partir de morteros y hormigones de consistencia seca (de árido pequeño), comprimiéndolos y haciéndolos vibrar en moldes metálicos.

Por tener mayores dimensiones que el ladrillo, permite la construcción de paredes en tiempos más reducidos a los que demanda una pared de obra de ladrillo. Las paredes son más rígidas, pero rechazan los revestimientos si antes no les son aplicadas disposiciones constructivas especiales.

Las fábricas de bloque, aunque poseen muchas semejanzas con la realización de fábricas de ladrillos, también poseen algunas características propias.

2. Procesos y condiciones de ejecución de fábricas de bloque para revestir

El bloque de hormigón es un paralelepípedo rectangular prefabricado con numerosos celdas de paredes delgadas, que los convierten en piezas factibles de maniobrar en obras, además de ser muy aislantes.

Se elaboran a partir de morteros y hormigones de consistencia seca (de árido pequeño), comprimiéndolos y haciéndolos vibrar en moldes metálicos.

Por tener mayores dimensiones que el ladrillo, permite la construcción de paredes en tiempos más reducidos a los que demanda una pared de obra de ladrillo. Las paredes son más rígidas, pero rechazan los revestimientos si antes no les son aplicadas disposiciones constructivas especiales.

Las fábricas de bloque, aunque poseen muchas semejanzas con la realización de fábricas de ladrillos, también poseen algunas características propias.

2.1. Condiciones de ejecución

Para la ejecución de fábricas de bloques hay que tener en cuenta una serie de condiciones.

Condiciones previas a la ejecución de la fábrica

Al igual que cuando se levanta un muro de ladrillos, antes de comenzar la realización de fábricas de bloques para revestir hay que asegurarse de que la superficie se encuentre completamente nivelada y limpia.

Como hemos comentado anteriormente, estas condiciones deben comprobarse antes de proceder a la colocación de los bloques:

- Si la superficie se encuentra sucia, hay que proceder al limpiado de esta.

Superficie sucia

- Si la superficie está desnivelada, ya que contiene irregularidades, hay que utilizar mortero de cemento como elemento para nivelar.

De esta manera, se podrá realizar perfectamente el arranque de la fábrica.

Recuerde

Hay que rellenar con mortero los huecos que haya en la superficie para nivelarla.

Condiciones durante la ejecución de la fábrica

Hay que tener muy en cuenta las condiciones meteorológicas cuando se esté ejecutando la fábrica de bloques.

Si nos referimos a la las condiciones térmicas, la temperatura óptima para realizar estas fábricas se sitúa entre los 5 y los 40 ºC.

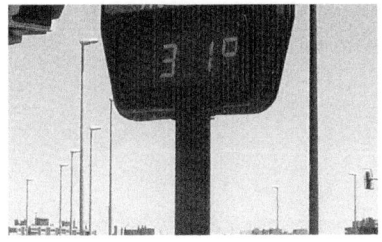

31 ºC se considera una temperatura óptima para ejecutar una fabrica con bloques

Pero también hay que tomar una serie de medidas contra otros agentes atmosféricos:

- **Respecto al viento:** es de vital importancia mantener la estabilidad de las fábricas durante el procedimiento de construcción, utilizando los correspondientes arriostramientos cuando sean necesarios.

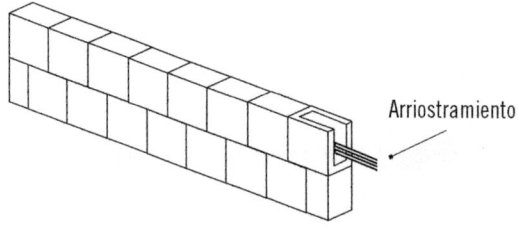

Arriostramiento

En el caso de no poder garantizarse la estabilidad frente a acciones horizontales, se arriostrarán a elementos suficientemente sólidos, suspendiendo los trabajos cuando el viento supere los 50 km/h.

- **Respecto a la lluvia:** hay que proteger con plásticos las partes recién ejecutadas. De esta manera, se evitará el lavado de los morteros.
- **Respecto al calor o la sequedad:** hay que humedecer las partes recién construidas y así evitar una rápida evaporación del agua del mortero.
- **Respecto a las heladas:** si la helada se produce una vez iniciado el trabajo, este se suspenderá, protegiendo la obra recién construida con mantas de aislante térmico o plásticos.

 Nota

Si se ha producido una helada antes de comenzar el trabajo, hay que inspeccionar las fábricas ejecutadas, debiendo demoler aquellas zonas afectadas que no garanticen la resistencia y durabilidad establecidas.

Por último y excluyendo agentes meteorológicos, también hay que comentar que, frente a posibles daños mecánicos que pueden producir los distintos trabajos que se estén realizando simultáneamente en la obra (vertido de hormigón, colocación de andamios, tráfico en la obra...), se protegerán los elementos vulnerables, caso de zócalos, huecos, aristas, etc.

2.2. Proceso de ejecución

En el proceso de ejecución de fábricas de bloque para revestir hay que tener en cuenta varios asuntos, como los pasos previos, la correcta ejecución propiamente dicha y el llagueado de las juntas; solo así su realización generará garantías.

Pasos previos

Al igual que otro tipo de muros, para comenzar la fábrica de bloques de hormigón hay que realizar el replanteo, siempre siguiendo el plano del proyecto.

A continuación, se colocarán las miras, siempre aplomadas perfectamente y situadas unas de otras a una distancia no superior a 4 metros. Además, se marcarán las alturas de las hiladas.

Antes de empezar la colocación de las hiladas, hay que tener en cuenta que:

- Por lo general, los bloques se colocarán secos, sobre todo, los hidrofugados. Solo se humedecerá la superficie que vaya a entrar en contacto con el mortero ya que, de esta manera, se reducirá una excesiva succión por parte del bloque y la consecuente pérdida de agua de la masa de mortero, lo que modificaría las condiciones normales de fraguado y endurecimiento. No obstante, se tendrán en cuenta, la succión real de las piezas y las propiedades reales del mortero (consistencia, retención de agua, etc.), además de las recomendaciones del fabricante respecto del humedecimiento de los bloques.
- Debido a la conicidad de los alvéolos de los bloques huecos, el espesor de los tabiques es mayor por una de las caras de asiento que por la otra. Por ello, la cara que tiene más superficie de hormigón deberá colocarse en la parte superior para ofrecer una superficie de apoyo mayor al mortero de la junta.

Recuerde

Generalmente los bloques se colocarán secos o solo humedeciendo la superficie que vaya a entrar en contacto con el mortero.

Fase de ejecución de la fábrica

A continuación, se procederá a la colocación de la primera hilada, fijando los bloques con una capa de mortero de suficiente espesor, extendiéndola por toda la superficie de la fábrica. Una vez que hayamos ejecutado la primera hilada, situamos el hilo en la siguiente marca, procediendo a ejecutar la segunda hilada, y así sucesivamente, siempre estando atento para que la hilada que se esté ejecutando no se desplome sobre la anterior.

Hay que echar mortero suficiente para que éste rebose por los lados cuando colocamos un bloque encima del otro, recogiendo con la paleta el mortero sobrante, pero siempre asegurando que las juntas han quedado llenas, incluso presionando el mortero con la paleta para evitar que se caiga. Es lógico que los bloques se coloquen mientras el mortero está blando y plástico, levantando y colocando de nuevo aquellos que estén mal colocados.

Los bloques se colocarán de manera que las llagas y tendeles mantengan su espesor y comprobando que cada bloque se sitúa al nivel requerido, aplomado y alineado con los del resto de la hilada.

Recuerde

Hay que colocar los bloques con suficiente mortero.

También hay que tener en cuenta que las fábricas se levantarán por hiladas horizontales enteras, excepto cuando se ejecuten en épocas distintas. Siempre que se de este caso, hay que dejar escalonada la primera fábrica a la espera de ejecutar la otra, disponiendo entrantes (adarajas) y salientes (endejas) si el escalonado no fuese posible.

 Nota

Nunca se intentará alinear un bloque después de haber colocado otra hilada sobre él, ya que se formaría una discontinuidad de la unión bloque-mortero en las juntas contiguas.

Otras soluciones que hay que tener en cuenta son los encuentros entre esquinas o con otras fábricas. Estos encuentros se harán mediante enjarjes en todo su espesor y en todas las hiladas.

Las dos caras del tabique deben quedar perfectamente planas, verticales y paralelas, por lo que hay que controlar habitualmente la horizontalidad y verticalidad del paramento ejecutado:

- **Verticalidad:** se comprueba mediante el uso de la plomada. Es conveniente comprobar con la plomada cada dos metros ya que, de esta manera, resultará más sencillo guardar la verticalidad del paramento.
- **Horizontalidad:** se comprueba colocando una regla sobre la última hilada ejecutada y sobre ella se coloca un nivel de burbuja. También, de vez en cuando, es conveniente realizar una comprobación de la horizontalidad con el hilo situado entre las miras.

Llagueado de las juntas

Tras la colocación de los bloques, y haber comprobado la verticalidad y horizontalidad, el último paso del proceso de ejecución de la fábrica es el llagueado de las juntas.

Tanto las juntas como pequeños agujeros y huecos que no hayan quedado completamente llenos, hay que rellenarlos con mortero fresco.

En el caso de tener que reparar una junta cuyo mortero haya endurecido, se eliminará el mortero en una profundidad de unos 15 mm, luego se mojará con agua y se repasará con mortero fresco.

El llagueado debe realizarse cuando el mortero esté endureciendo pero sin haber terminado de fraguar, por lo que se excluye la posibilidad de realizar la operación inmediatamente después de colocar los bloques.

Otras recomendaciones son:

- Realizar primero el llagueado en las juntas horizontales y después en las verticales.
- Utilizar un llaguero cóncavo ya que, al presionarlo contra los bloques que conformen la junta, se conseguirá una junta cerrada que mejora la impermeabilidad.
- Dejar la junta ligeramente rehundida para mejorar la adherencia del revestimiento.
- Las juntas no se rehundirán en profundidad más de 5 milímetros en muros de espesor menor de 20 centímetros sin autorización del director de obra.
- En fábricas de bloques huecos, las juntas no se rehundirán más de 1/3 del espesor de la pared exterior del bloque.

 Recuerde

En primer lugar, se realizará el llagueado de las juntas horizontales y luego, el de las verticales.

Aplicación práctica

Tras haber levantado la fábrica de bloques, hay que realizar el llaguedo de las juntas. ¿Qué aspectos hay que tener en cuenta para que se realice un óptimo llagueado?

SOLUCIÓN

- Las juntas tienen que estar completamente llenas de mortero.
- Utilizamos un llaguero cóncavo.
- El llagueado se realizará cuando el mortero esté endureciendo.
- Realizar primero el llagueado en las juntas horizontales y después en las verticales.
- Dejar la junta ligeramente rehundida para mejorar la adherencia del revestimiento. Nunca se rehundirán en profundidad más de 5 milímetros en muros de espesor menor de 20 cm sin autorización del director de obra.
- En fábricas de bloques huecos, las juntas no se rehundirán más de 1/3 del espesor de la pared exterior del bloque.
- Si hay que reparar una junta cuyo mortero ha endurecido, se eliminará el mortero en una profundidad de unos 15 mm, luego se mojará con agua y se repasará con mortero fresco.

3. Recepción y acopio de materiales. Complementos

Cuando llegan los bloques al tajo, estos tienen que descargarse eficazmente y, tras la comprobación de la calidad, se almacenarán de forma correcta y en un lugar óptimo.

Un adecuado acopio de los bloques evitará que tomen humedad. Además, tienen que encontrase a disposición de los trabajadores y garantizar la seguridad de estos gracias al orden y la óptima ubicación.

Veamos, por lo tanto, cómo hacer una buena recepción y un buen acopio de los materiales que nos van llegando a la obra.

3.1. Definiciones

Con el objetivo de comprender mejor la recepción y acopio de los materiales, en primer lugar, se muestran una serie de definiciones:

- Partida: conjunto de bloques realizados en la misma tirada y que son recibidos en la obra en una misma unidad de transporte o diferentes unidades que llegan al mismo tiempo.
- Lote: conjunto de bloques de una misma clase y que se van a juzgar conjuntamente.
- Muestra: conjunto de bloques extraído al azar de un lote y sobre los cuales se van a realizar los ensayos correspondientes.

3.2. Llegada y recepción de los bloques

Teniendo en cuenta que las obras suelen durar cierto tiempo, los bloques llegarán en distintas partidas, siempre paletizados, lo cual facilita la descarga de los ladrillos por medio de algún medio mecánico, caso de una carretilla elevadora.

Partida de bloques paletizados

Al llegar los bloques a la obra, habrá que tener en cuenta una serie de aspectos:

■ Es el personal que compone la dirección de la obra el que tiene que comprobar que son los bloques que se han pedido.
■ En los albaranes o en el empaquetado tiene que aparecer, entre otros, el nombre del fabricante, tipo y clase de bloque, dimensiones, resistencia a comprensión, etc.

 Nota

En el albarán aparecerán sellos de calidad (AENOR) en caso de tenerlos concedidos.

Tras el análisis previo, la dirección de la obra tiene que examinar más a fondo el material:

■ Los bloques tienen que encontrarse en buen estado, verificando el material con la toma de una muestra al azar.
■ Tras la comprobación del estado del material y de la documentación, el personal directivo de obra puede aprobar la partida de bloques u ordenar ensayos de control. Si los resultados de los ensayos son negativos, se rechazará la partida.
■ En el caso de que el material posea sellos de calidad, tipo AENOR, la dirección de obra puede que descarte los ensayos.
■ La dirección de obra puede sustituir los ensayos por la presentación de certificados de ensayos, los cuales serán realizados por un laboratorio acreditado.
■ Cualquier anomalía que se pueda ver en los bloques debe ser comunicada al fabricante.

Ensayos de control

El personal que compone la dirección de la obra se encargará de la toma de la muestra, extrayendo los bloques necesarios para realizar las comprobaciones que se vayan a efectuar. De cada lote se extraerá una muestra de control formada por las piezas necesarias para la realización de los ensayos de control.

Las piezas escogidas para realizar los ensayos de control se remitirán al laboratorio, previamente aprobado esto por la dirección de obra, pudiéndose extraer muestras de reserva.

Cuando sea necesario, se realizarán los siguientes ensayos de control:

- Comprobación de las características geométricas.
- Comprobación de la absorción.
- Comprobación de la densidad.
- Comprobación de la sección neta, bruta e índice de macizo.
- Comprobación de la resistencia a compresión.
- Comprobación de cualquier otra característica pactada.

 Recuerde

Los bloques tienen que encontrarse en buen estado. Cualquier anomalía hay que comunicarla al fabricante.

Como se dijo anteriormente, en el caso de que los bloques suministrados estén en posesión de un sello o marca de calidad, emitido por la administración u organismo reconocido, o estén en posesión del marcado CE, la dirección de la obra podrá reducir los controles.

Cuando la realización de los ensayos ofrezca resultados satisfactorios, los lotes se aceptarán. En caso contrario, se rechazará el lote.

3.3. Acopio de los bloques

Tras aceptar la partida de bloques, se realizará el acopio de estos, pudiéndose seguir las siguientes indicaciones:

- Los palés se acopiarán en un lugar destinado a ello. Si se van a colocar unos encima de otros, hay que hacerlo de tal manera que quede asegurada la estabilidad.

En el acopio de bloques es muy importante la estabilidad de estos

- Por rapidez y comodidad para los trabajadores, los palés se descargarán en las plantas del edificio. Se acopiará el material cerca de los pilares para evitar la sobrecarga en los lugares de menor resistencia. Nunca se debe concentrar la carga sobre los vanos.
- Los palés tienen que ser distribuidos por las distintas plantas lo antes posible para evitar problemas de suciedad, desperfectos, etc.
- Hay que tener en cuenta que los bloques no deben colocarse en contacto directo con el suelo para evitar que absorban humedad, sales solubles, etc.
- La superficie sobre la que se apilarán los palés tiene que estar limpia. Además, tiene que ser una superficie plana y horizontal, exenta de agua y donde no se vayan a realizar otros trabajos que puedan dañar los bloques.
- Cuando haya que trasladar bloques de un lugar a otro, se realizará mediante medios mecánicos.

*Carretilla elevadora útil
para el manejo de palés
de bloques*

Nota

Si los palés de bloques van a descargarse en las plantas del edificio, el acopio se realizará cerca de los pilares, ya que son los lugares de mayor resistencia.

Pueden tomarse las siguientes medidas de seguridad en el acopio:

- Si el acopio de los bloques se va a realizar en un lugar cerrado, los palés se organizarán de tal manera que los trabajadores no tropiecen ni se golpeen. Además, la visibilidad del lugar será óptima.
- En sitios abiertos, el acopio se realizará de tal manera que los palés se vean claramente.
- Si el acopio se realiza en zonas de tránsito, se tendrán en cuenta las medidas de seguridad.

Recuerde

Sea cual sea la zona de acopio de los palés, hay que tener en cuenta la seguridad de los trabajadores.

Aplicación práctica

Supongamos que una partida de bloques de hormigón ha llegado a la obra y ha sido aceptada por la dirección de ésta. A usted le han encargado la tarea de distribuir y almacenar la partida. ¿Qué aspectos se tendrán en cuenta?

SOLUCIÓN

I En primer lugar, hay que tener en cuenta que los palés se almacenarán o distribuirán lo antes posible para evitar problemas de suciedad, desperfectos, etc.

I El acopio se realizará en un lugar destinado a ello.

I Si se van a colocar unos encima de otros, hay que hacerlo de tal manera que quede asegurada la estabilidad.

I Para ganar tiempo y comodidad de los trabajadores, los palés podrán descargarse en las plantas de la obra. En este caso, el material se acopiará cerca de los pilares, quedando prohibido concentrar la carga sobre los vanos.

I Hay que tener en cuenta que los bloques no deben colocarse en contacto directo con el suelo para evitar que absorban humedad, sales solubles, etc.

I La superficie sobre la que se apilarán los palés tiene que estar limpia. Además, tiene que ser una superficie plana y horizontal, exenta de agua y donde no se vayan a realizar otros trabajos que puedan dañar los ladrillos.

3.4. Recepción y acopio de complementos

El mortero es uno de los principales complementos utilizados para levantar una fábrica de bloques; por ello, se debe prestar especial atención a la recepción y acopio del mismo, ya que cualquier alteración de sus características puede afectar considerablemente al resultado final de la fábrica, tanto funcional como estéticamente.

Cuando lleguen a la obra morteros industriales hay que verificar, con el albarán, que el mortero es el que se ha pedido y que la resistencia y características son las adecuadas para el uso que va a darse del mismo.

El suelo o superficie donde se almacenará el mortero industrial debe estar seco; además, el lugar debe ser cerrado, o al menos proteger ante la humedad y el viento.

Si el mortero se va a preparar *in situ* hay que tener en cuenta que los cementos y cales también hay que comprobarlos, según el albarán, cuando lleguen a la obra. Su acopio debe realizarse en el lugar apropiado, protegidos de la lluvia y la intemperie; además, el lugar de acopio debe encontrase limpio, en el cual los distintos tipos de cementos y cales se almacenarán por separado.

Es importante tener en cuenta que, si el cemento ha superado los 30 días de almacenamiento, hay que realizar un ensayo de fraguado y de resistencia mecánica; si los resultados no son óptimos, hay que rechazar el cemento.

Respecto a la arena, cuando llegue a la obra hay que comprobar que es la que coincide con la solicitada. Se almacenará en lugares protegidos de la contaminación del ambiente y del suelo. En caso de ser preciso, la arena se cubrirá para evitar la contaminación y el exceso de humedad y viento.

Si llegan diferentes arenas a la obra hay que almacenarlas separadas, según su origen, tipo, granulometría, etc.

El cemento se almacenará protegido de la lluvia y la intemperie.

en página siguiente >>

Importante

Si aparte de mortero, arena, cemento y cal, hay otros complementos que van a formar parte de una fábrica de bloques, estos se almacenarán siguiendo las recomendaciones del fabricante.

4. Aparejos. Modulación y replanteo en seco

Al igual que ocurre con otro tipo de fábricas, como pueden ser la de ladrillos o la de piedra, la fábrica realizada con bloques debe poseer la organización necesaria para que la construcción sea óptima.

Por ello, la unidad constructiva se garantizará mediante la correcta colocación de los ladrillos.

Veamos cómo optimizar el espacio que tenemos en la obra, es decir, la modulación, y el replanteo, tanto vertical como horizontal.

4.1. Modulación

La modulación consiste en ordenar el espacio de la obra para que sea manejado con criterio y se reduzcan al máximo los errores, además de los desperdicios de material. Es por ello que la modulación modificará los factores existentes para que se dé un óptimo proceso de construcción. Para ello es imprescindible encontrar una relación geométrica entre las partes, y de las partes con el conjunto de la obra. Además, la modulación estará sujeta a las normas de los sistemas y procesos constructivos, las limitaciones, etc.

Para levantar correctamente un muro o tabique con bloques de hormigón, hay que realizar una correcta modulación, ya que los bloques tienen un tamaño determinado.

En la fábrica de bloques, el solape entre piezas de hiladas consecutivas debe ser al menos igual a 0,4 veces el grueso (altura) de las piezas y no menor de 40 mm para poder considerar que el muro se comporta como un elemento estructural unitario. En bloques huecos, el aparejo más habitual, teniendo en cuenta la coincidencia vertical de tabiquillos para transmisión de esfuerzos y de alvéolos para la posibilidad de armado, es el que muestra la cara mayor en el paramento.

En el resto de bloques (ciegos, ligeros, etc.) este aparejo suele ser también el más utilizado, aunque no necesite necesariamente un solape igual a la mitad de la longitud del bloque.

 **Recuerde**

Para reducir al máximo los posibles errores y ordenar el espacio de la obra es necesaria la modulación.

4.2. Replanteo

El replanteo consiste en definir sobre el terreno las líneas y distribuciones reales que corresponden a las dibujadas en escala en los planos. *Grosso modo*, es la preparación del terreno para posteriormente levantar la fábrica, en todo momento siguiendo el plano de la obra.

Replanteo vertical

Se recomienda trabajar con la dimensión nominal de altura del bloque, para establecer las distintas alturas de piso con el fin de que los cálculos para el replanteo vertical sirvan únicamente para resolver pequeños problemas de ejecución.

Se tomará la cara superior o inferior del forjado como referencia de nivel y se intentará hacerla coincidir con la cara superior del bloque en distintas hiladas una vez colocado. Se ajustará la modulación vertical calculando el espesor del tendel (1 cm + 2 mm generalmente) para encajar un número entero de bloques entre referencias de nivel sucesivas.

Nota

Los niveles de antepecho y dintel de huecos se deberán ajustar a la modulación vertical entre referencia de nivel, coincidiendo con hiladas completas.

Con los valores obtenidos en el cálculo de la junta para la modulación vertical, se escantillarán las miras con intervalos de longitud igual a la altura del bloque más el espesor del tendel.

Recuerde

Entre otras, la modulación estará sujeta a las normas de los sistemas y procesos constructivos, además de las limitaciones.

Replanteo horizontal

Hay que comprobar que las longitudes de huecos y macizos se ajustan a lo establecido en el proyecto.

Se trazará sobre el cimiento, forjado, etc., la planta de la fábrica, marcando los huecos aunque tengan antepecho, ya que las jambas, juntas de dilatación, etc., se constituyen como un comienzo de muro.

Se colocarán miras aplomadas en cada esquina, hueco, quiebro, mocheta, junta de movimiento y en paños ciegos a distancias menores de 4 m.

Se pasa un nivel a todas las miras, y a partir de él se encastillan con intervalos iguales a la altura del bloque más el espesor del tendel, comprobando que coinciden con las distintas referencias de nivel de antepechos, dinteles, forjados, etc.

Se coloca una cuerda atada a las miras en el trazo inferior definiendo un plano horizontal que va a servir de referencia para la colocación de los bloques de la primera hilada.

Si la primera hilada va colocada sobre la cimentación, deberá preverse un tendel de espesor suficiente para absorber las posibles irregularidades de la cara superior de cimiento.

 Consejo

Se recomienda marcar la cuerda con la situación de las llagas en la fábrica para conseguir un aparejo más homogéneo.

5. Preparación y humectación de piezas

Los bloques utilizados en el levantamiento de fábricas necesitan un grado óptimo de humedad para que no intervengan negativamente en el proceso de fraguado del mortero.

Puede ser que se necesite bastante humectación, como ocurre en el caso de los bloques cerámicos, o escasa humectación, que es el caso de los bloques de hormigón.

Veamos más detenidamente el modo de humectar cada pieza.

5.1. Bloques cerámicos

Al igual que los ladrillos, los bloques cerámicos, debido a su carácter arcilloso, poseen una alta capacidad de succión de humedad, por lo que es totalmente necesaria la humectación de las piezas.

Esta humectación hay que realizarla antes de la colocación de los bloques. Si no es así, se disminuirá la resistencia mecánica del muro, debido a la deshidratación del mortero de unión durante el proceso de fraguado. Por incumplimiento de esta condición, podemos disminuir drásticamente la resistencia del muro, tanto a compresión como a tracción.

 Recuerde

Los bloques cerámicos se humedecerán antes de su puesta en obra.

Un error común es utilizar mortero bastante fluido para compensar la succión de agua por parte del bloque. Es un error porque con la alta fluidez del mortero se corre el peligro de que este escurra por las juntas, produciéndose retracciones de fraguado y fisuras.

 Nota

Los únicos bloques cerámicos que no se humedecerán son los bloques hidrofugados.

Otro error común es dotar de mucha agua al bloque cerámico, ya que lo que se busca es la óptima humectación, es decir, un equilibrio de humedad:

- La sequedad del bloque provocará la succión de agua por parte de este.
- Un exceso de agua no dará la interacción óptima mortero-bloque, ya que al entrar en contacto con el mortero aumentará la proporción de agua de este.

Por todo ello, hay que saturar los bloques con suficiente antelación a su colocación. Se colocarán cuando desaparezca la película de agua superficial.

Se recomienda colocar en el lugar de trabajo recipientes con agua para mantener la humedad de las piezas, como los tradicionales bidones.

Bidón

5.2. Bloques de hormigón

Por lo general, los bloques de hormigón no deben ser mojados ni antes ni durante su colocación. Sin embargo, hay ocasiones y circunstancias, como obras en climas muy secos, que aconsejan humedecer la superficie de asiento, para que se reduzca la succión excesiva y la consecuente pérdida de agua, además de evitar un fraguado a destiempo. En este caso, hay que tener cuidado de no mojar en exceso el resto del bloque.

No obstante, se tendrán en cuenta la succión real de las piezas, las propiedades reales del mortero (consistencia, retención de agua, etc.) y las recomendaciones del fabricante respecto de la humectación de los bloques.

Recuerde

Por lo general, los bloques de hormigón no deben ser mojados ni antes ni durante su colocación.

Aplicación práctica

La ejecución de fábricas de bloques puede realizarse con bloques de arcilla o bloques de hormigón. Cite algunos consejos para la óptima humectación de los bloques, diferenciando entre los cerámicos y los de hormigón.

SOLUCIÓN

En cuanto a los bloques cerámicos, la cantidad de agua del bloque debe ser la óptima: una escasa humectación provocará la succión del agua por parte del bloque, y un exceso no dará una interacción óptima mortero-bloque.

Hay que humedecer los bloques con suficiente antelación a su colocación, no utilizándolos hasta que desaparezca la película de agua superficial.

Por regla general, los bloques de hormigón no se mojarán. Si las circunstancias lo aconsejan, sólo se humedecerá la zona del bloque que estará en contacto con el mortero.

6. Colocación

Ser preciso a la hora de colocar las piezas de la fábrica es de vital importancia para la consecución de un trabajo aceptable.

En la actual sección, se realizará el estudio referido a la colocación de los bloques, ya sean de arcilla o de hormigón. Aunque hay muchas similitudes entre ambos, también hay diferencias y, por ello, se analizarán separados.

Además, este capítulo también destaca la necesidad de colocar miras y la óptima realización de las juntas.

6.1. Miras y plomos

Como ya sabemos, las miras son reglas largas que se colocan verticalmente y se fijan a algún punto. Tras ser aplomadas y amarrar una cuerda guía a dos miras consecutivas, podrán colocarse óptimamente las hiladas, en este caso, de bloques.

Miras fijadas al techo y suelo

Como es lógico, las miras se situarán bien aplomadas ya que, de esta manera, se asegura la verticalidad del muro. Para ello, haremos uso de un instrumento muy básico (cuerda y plomo) conocido con el nombre de plomada. El propio peso del plomo tensa la cuerda y nos señala la línea vertical.

Cuerda y plomo

Cuando la plomada se ha utilizado varias veces, la destreza es mayor, por lo que la comprobación de la verticalidad se realizará rápidamente y con un altísimo grado de certeza.

Tras conseguir el aplomo de las miras, hay que fijarlas totalmente ya sea con masa de yeso a otro paramento o al techo y suelo mediante el apriete de unas tuercas (estilo puntal). Cuando las hayamos fijado, hay que volver a comprobar la verticalidad, además de la plomada, con el nivel de burbuja.

Luego se señalan en las miras las distintas alturas de los bloques más el espesor del mortero para que, al colocar la cuerda guía, nos sirva de referencia. En primer lugar, se ata la cuerda sobre la señal situada más abajo, sirviendo de referencia a los bloques de la primera hilada. Cuando se haya realizado la primera hilada, situamos la cuerda en la segunda señal y así sucesivamente.

 Recuerde

Las miras siempre se colocarán aplomadas.

6.2. Bloque cerámico

El bloque cerámico es un bloque cuyo material constituyente es arcilla, obtenido mediante la cocción de pasta arcillosa, produciendo una óptima porosidad.

Bloques cerámicos

Podemos afirmar que se trata de un tipo de ladrillo de grandes dimensiones, por lo que el proceso de colocación es muy semejante:

1. En primer lugar, hay que humedecer los bloques antes de su colocación, para que el mortero no se deshidrate en el proceso de fraguado.
2. Colocar la cuerda de la mira en la primera señal.
3. Extender sobre el suelo una capa de mortero de unos 3 cm para que, tras colocar la primera hilada y empujarla hacia abajo, queden unos 1,5 cm. Recoger el mortero sobrante.
4. Cuando se haya colocado la primera hilada, posicionar la cuerda de la mira en la segunda señal y volver a extender mortero. Colocar y empujar otra vez los bloques, teniendo en cuenta que deben quedar unos 1,5 cm de llaga. Hay que recoger el mortero sobrante, siempre asegurándonos de que la llaga ha quedado completamente rellena.
5. Así sucesivamente hasta que terminemos la ejecución de la fábrica.

Fábricas de bloques cerámicos

 Recuerde

El espesor de la junta debe quedar en 1,5 cm.

Una serie de aspectos a tener en cuenta son:

- Si existen, hay que unir a tope los machihembrados de las piezas.
- Realizar correctamente la colocación de las juntas verticales.
- Mantener la traba para conseguir que la distancia entre juntas verticales de hiladas consecutivas sea igual o superior a 7 cm.
- Empujar los bloques o golpear con la masa de goma para que el mortero penetre en las perforaciones.

6.3. Bloque de hormigón

La colocación del bloque compuesto de hormigón es muy semejante a la del bloque cerámico, aunque tiene sus particularidades:

1. Por lo general, los bloques de hormigón no se mojarán. Si las circunstancias aconsejan lo contrario, solo se humedecerá la cara que va a estar en contacto con el mortero.
2. Tras establecer el replanteo, se colocan las miras (con su cuerda guía) y echamos el mortero suficiente para colocar los bloques de las esquinas.
3. Colocadas las piezas de las esquinas, se extiende una capa de mortero en el suelo y se van situando los bloques de la primera hilada con la cara de mayor anchura mirando hacia arriba. Se tendrá en cuenta que hay que aplicar mortero en los cantos de los bloques. Cuando presionemos los bloques, las juntas verticales y horizontales quedarán bien rellenas. Se retirará el mortero sobrante y se comprobará el nivelado.
4. La guía de las miras la colocamos en la segunda señal, expandimos mortero y colocamos la segunda hilada, comenzando por la esquinas. Así hasta que terminemos el trabajo.

Levantando una fábrica de bloques

 **Recuerde**

Los bloques de hormigón no se colocarán humedecidos.

Entre los consejos a tener en cuenta en la colocación de bloques de hormigón destacan:

- Aunque ya se comentó anteriormente, es necesario recordar que generalmente los bloques se colocarán secos.
- Se aconseja hormigonar e incluso armar los agujeros de los bloques de esquina.
- Hemos de tener precaución cuando se utilicen piezas especiales.
- Cuando el mortero haya fraguado, no deben moverse las piezas. Los bloques se llevarán a su posición cuando el mortero esté blando.
- Nunca se alineará un bloque tras haber colocado otro sobre él.
- Ante la necesidad de cortar piezas, se utilizarán medios mecánicos, como la mesa de corte. De esta manera, el corte será limpio y uniforme.

Mesa de corte

- Las juntas han de quedar completamente llenas de mortero pero un poco hundidas para mejorar la adherencia del revestimiento.

Juntas rellenas de mortero

■ Rellenar con mortero fresco los agujeros.

 Aplicación práctica

Supongamos que hay que levantar una fábrica de bloques de hormigón. ¿Qué aspectos hay que tener en cuenta en cuanto a la humectación de las piezas?

SOLUCIÓN

Los aspectos a tener en cuenta son:

▌ Por lo general, los bloques de hormigón no se humectarán, es decir, se colocarán secos.
▌ En el caso de que se aconseje mojar los bloques, sólo se humectará aquella parte que estará en contacto con el mortero.

6.4. Juntas (de mortero, de movimiento)

Para evitar problemas lo máximo posible, por ejemplo deformaciones, entre las distintas piezas que conforman una fábrica hay que interponer las correspondientes juntas.

Juntas de mortero

Las juntas de mortero son aquellas que ocupan los espacios entre los bloques.

Encontramos dos tipos de juntas de mortero:

- Llaga: mortero entre piezas de una misma hilada.
- Tendel: mortero entre dos hiladas.

Como se ha comentado anteriormente, la junta de mortero para bloques debe quedar en 1,5 cm.

Es de vital importancia que las juntas queden totalmente rellenas. En el caso de que se dé un relleno deficiente, el agua de lluvia puede penetrar al intradós. En la mayoría de los casos que esto ocurre, es porque el agua encuentra un punto vulnerable en el muro, ya sea una junta de mortero mal ejecutada o un encuentro mal resuelto. Por esta razón, se vuelve a insistir en que las juntas deben rellenarse correcta y totalmente.

Un hecho a tener en cuenta es que la arena utilizada en la realización del mortero tiene relación directa con el espesor de la junta que se quiere dar:

- Tamaño máximo del grano de 2 mm cuando la junta vaya a ser menor de 5 mm.
- Cuando la junta vaya a estar comprendida entre 5 y 15 mm, el tamaño máximo del grano de arena será de 3 mm.
- Por último, si la junta va a estar comprendida entre 15 y 20 mm, el tamaño máximo del grano de arena será de 5 mm.

 Recuerde

Cuando el agua de lluvia penetra al intradós suele ser porque hay un punto vulnerable en el muro.

Una cosa sí hay que tener clara: por muy delgada que se quiera dejar la llaga, entre cada pieza debe haber una mínima distancia, para que se puedan absorber las tolerancias propias del bloque, así como las de colocación. En el caso de no respetar esta distancia mínima, los bloques quedarán muy juntos e incluso en contacto, por lo que cualquier movimiento que se produzca en el muro puede provocar la concentración de esfuerzos en los bloques, ayudando al deterioro de estos.

Otro hecho a destacar es que la junta se realizará con la máxima precisión posible y siguiendo las especificaciones que aparecen en el proyecto referidas, entre otras, al espesor, forma y textura.

Junta degollada

M J Mortero de agarre
Forma juntas 0=1 cm.

Junta redondeada

M J Mortero de agarre
Forma juntas 0=1 cm.

Junta enrasada

M J Mortero de agarre
Forma juntas 0=1 cm.

Junta rehundida

M J Mortero de agarre
Forma juntas 0=1 cm.

Junta matada superior

M J Mortero de agarre
Forma juntas 0=1 cm.

Junta oculta o a hueso

M J Mortero de agarre
Forma juntas 0=1 cm.

Condiciones:

A > E Mayor tamaño del arco llaqueado para forma y aspecto
Espesor de junta constante preferible mortero seco

Por último, comentar que la forma y el aspecto definitivo de las juntas se obtendrán mediante el llagueado, el cual se realizará antes de que endurezca el mortero. Para ello, es aconsejable utilizar el llaguero y tener mucho cuidado de no arrastrar el mortero.

Juntas de movimiento

En ocasiones, los edificios se ven afectados por diferentes movimientos ocasionados por:

- Dilataciones y contracciones causadas por los cambios de temperatura y humedad.
- Las cargas dinámicas y estáticas a las que se ven sometidos los muros, pilares, etc.
- Movimientos debidos a la inestabilidad del terreno.
- Retracciones que se producen durante los primeros días después de la fabricación de las piezas de hormigón.
- La rigidez y retracción del mortero.
- Los asentamientos de la estructura en su maduración y por su propio peso.
- Las presiones y depresiones originadas por el viento.

El proyecto de obra debe prever estos movimientos y los posibles deterioros que pueden ocasionar. Por ello, surge la necesidad de colocar elementos que absorban el desplazamiento, caso de las juntas de movimiento, sobre todo, en fábricas muy rígidas como las de bloques de hormigón.

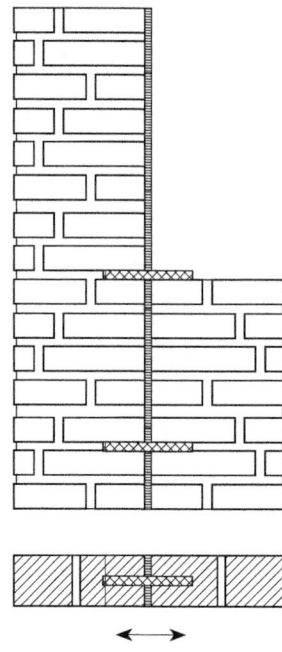

Junta de movimiento

Recuerde

El llagueado se realizará antes de que endurezca el mortero, para ello se podrá emplear el llaguero.

Al colocar las juntas de movimiento hay que tener en cuenta una serie de consideraciones generales:

- Nunca se sobrepasarán los 8 m de distancia horizontal entre las juntas verticales.
- Se dispondrán juntas en lugares como esquinas si las longitudes de los paños que la forman superan los 8 m, en paños mayores de 8 m en los que se producen pequeños quiebros de menos de 1 m de longitud, en los cambios de altura del edificio y donde se produce un cambio de espesor de los muros.
- La junta poseerá un ancho dependiente del movimiento previsto y del tipo de sellante. En general, el ancho estará comprendido entre 2 y 3 cm.

Entre las particularidades destacan:

- Se utilizará material elástico como relleno de la junta.
- Se colocarán llaves embebidas en el tendel cada tres o cuatro hiladas de bloques para impedir que el muro pierda estabilidad.

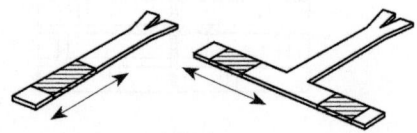

Movimiento horizontal

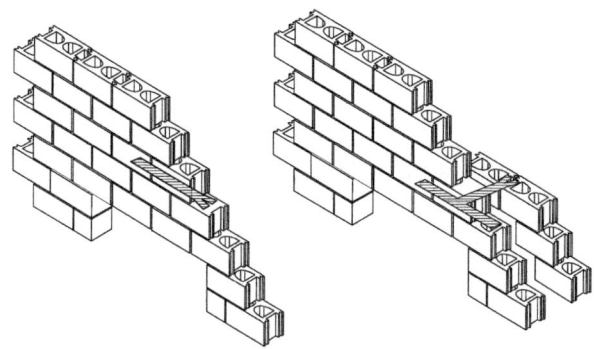

■ Las llaves de movimiento poseerán una funda de plástico que se colocará separada a escasos centímetros de la llave.

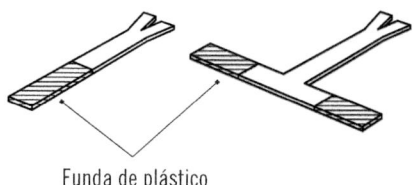

Funda de plástico

■ El proyectista definirá la separación entre las juntas de movimiento en muros de carga y muros interiores.

Hay que tener en cuenta que, antes de introducir el material elástico en la junta y proceder al sellado de la misma:

■ Toda la fábrica de bloques tiene que estar completamente seca.
■ El interior de la junta estará libre de mortero y otros desperdicios.
■ Las juntas de mortero estarán perfectamente llenas para evitar que el material sellante penetre en ellas.
■ El espesor de la junta debe ser constante.

Recuerde

Nunca se sobrepasarán los 8 m de distancia horizontal entre las juntas verticales.

Ejecutar la fábrica de bloques y la posterior introducción del material elástico no es un proceso fácil. Por ello, se recomienda seguir los siguientes pasos:

1. El material elástico se colocará en posición vertical, exactamente en el punto donde se realizará la junta.
2. El material elástico tendrá un espesor igual al de la junta prevista.
3. Comenzar a ejecutar la fábrica a ambos lados del material elástico de modo que este quede perfectamente introducido en la junta.
4. Colocar llaves que solo permitan el movimiento horizontal del muro en su mismo plano.
5. Proteger los bloques con cinta adhesiva para que no se manchen con el sellante.

Aplicación práctica

Nos disponemos a realizar el sellado de las juntas de movimiento de la fábrica. ¿Cómo se debe actuar?

SOLUCIÓN

- Retirar los desperdicios del interior de la junta, además del mortero sobrante.
- Proteger los bloques con cinta adhesiva para evitar que se manchen.
- Colocar el material elástico en el punto donde se realizará la junta, siempre en posición vertical.

---

7. Piezas especiales

Hay una serie de piezas que, por sus características específicas, son piezas singulares y especiales. Este tipo de piezas son totalmente necesarias para llevar a cabo las fábricas de bloque.

Podemos destacar las siguientes piezas especiales.

Piezas de zuncho y dintel

Son piezas de hormigón o ladrillo en forma de canal, simple o doble, que se utilizan, entre otras cosas, para servir de encofrado permanente a un dintel, a un zuncho de hormigón armado o a una cadena de atado.

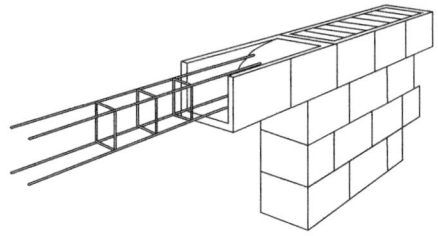

Exteriormente, estas piezas no se diferencian de los bloques comunes, lo que permite mantener la continuidad superficial del aparejo. También podemos encontrar bloques tipo con los tabiquillos y las paredes laterales con ranuras verticales para que puedan abatirse fácilmente y permitir el paso de la armadura del zuncho.

 Recuerde

Las piezas de zuncho y dintel están compuestas de hormigón o arcilla. Son simples o dobles en forma de canal y se utilizan, entre otras cosas, para servir de encofrado permanente a un dintel, a un zuncho de hormigón armado o a una cadena de atado.

Pieza de esquina en L

Estas piezas se utilizan como solución a uniones en esquina de muros, cuando el espesor de la fábrica es menor o mayor que la mitad de la longitud del bloque.

Pilastras: sencillas y de enlace

Piezas que suelen utilizarse como encofrado permanente para hormigonar un pilar.

Plaquetas

Sirven para revestir elementos estructurales como cantos de forjado, pilares, etc. También existen piezas de plaqueta en L para aplicaciones en esquinas.

Pieza universal

Pieza que posee al menos una cara debilitada para facilitar su apertura por el albañil, sin que ello afecte ni a las características geométricas de la pieza ni al aparejo visto empleado en la fábrica, ya que puede armarse en vertical por acceso lateral a la misma, abriéndose el canal de acceso lateral en obra.

 **Recuerde**

Las piezas especiales, por sus características específicas, son piezas singulares totalmente necesarias para llevar a cabo las fábricas de bloque.

Aplicación práctica

Supongamos que estamos levantando una fábrica de bloques de hormigón y hay que reforzar la estructura con una armadura longitudinal. ¿Qué solución podemos ofrecer?

SOLUCIÓN

- Cuando lleguemos a la altura y al lugar estimado para colocar la armadura, emplearemos piezas de zuncho de hormigón, con la cara abierta mirando hacia arriba.
- Alojamos la armadura dentro de las piezas de zuncho.
- Cubrimos el espacio libre con mortero hasta el borde superior de la pieza.
- Recogemos el mortero sobrante, por ejemplo, con una regla de albañil hasta que quede totalmente a nivel con el borde superior. De esta manera, cuando endurezca el mortero, quedará como una pieza totalmente cerrada y uniforme.

8. Condiciones atmosféricas. Protección de la obra ejecutada. Lluvia, hielo, calor, viento

Tanto en la construcción de fábricas de bloque como en otro tipo de trabajos de albañilería hay que tener muy en cuenta las condiciones meteorológicas que se estén dando en el momento o las que se prevean.

No es conveniente realizar trabajos cuando se produzcan fuertes lluvias, vientos que hagan peligrar la estabilidad de las fábricas recién ejecutadas o temperaturas muy bajas. Por ello, los técnicos de la obra y resto de operarios deben conocer las condiciones climatológicas ya que estas influirán en el diseño de la fábrica, en la elección de los materiales y en la realización de la obra.

8.1. Protección de la obra ejecutada. Lluvia, hielo, calor, viento

Ante unas condiciones atmosféricas adversas, se tomarán una serie de precauciones. Para evitar problemas en la obra durante su construcción, la fábrica de bloques deberá protegerse de:

Protección contra la lluvia

Hay que tener claro que las precipitaciones influyen en la obra que se está realizando. Por ello, se tendrá en cuenta que:

- Debe evitarse que la lluvia caiga directamente sobre la fábrica hasta que el mortero haya fraguado.
- Hay que ofrecer soluciones que impidan que el agua acumulada en forjados, cubierta y terraza, se vierta sobre la fábrica que se esté construyendo. Esta agua tiene que ser evacuada eficazmente al exterior de la obra.
- Se procurará colocar lo antes posible elementos de protección como alféizares, albardillas, etc.
- Se protegerá la parte superior de los paramentos con el fin de resguardarlos del agua.
- Hay que proteger la cara superior de los ladrillos que forman parte de los huecos de fachada y coronaciones de los muros. La aportación excesiva de agua a las fábricas, sobre todo si esta se hace por la coronación o por el intradós, es un riesgo de eflorescencias innecesario. Por ello, hay que proteger la fábrica hasta que se coloquen los vierteaguas y albardillas.

En el caso concreto de las fábricas recién ejecutadas, la protección se realizará mediante plásticos. Esta protección debe darse, sobre todo, en la parte superior, intentando evitar:

- El lavado del mortero, es decir, que los finos sean arrastrados por el agua, ya que ello provocará una importante reducción de las características físicas del mortero.
- La acumulación de agua en el interior del muro.
- La aparición de eflorescencias y manchas debido a que el agua de lluvia disuelva las sales y otras sustancias.
- La erosión de las juntas, provocando la pérdida de funcionalidad de la fábrica.

Recuerde

La protección de las fábricas ante la lluvia se realizará mediante plásticos.

Protección contra el hielo

El primer dato a tener cuenta es que cuando la temperatura sea inferior a 5 °C habrá que revisar la obra recién ejecutada y, por supuesto, no es recomendable comenzar la ejecución de fábricas de bloques. La razón de todo ello radica en que las heladas pueden perjudicar al mortero y a la construcción de la fábrica. Más que a los bloques, el hielo afectará al mortero debido a su alto contenido en agua.

Una serie de aspectos hay que tener en cuenta:

- Inspeccionar la fábrica al comienzo de la jornada cuando se produzcan heladas, debiendo demoler las zonas afectadas que no garanticen la resistencia y durabilidad establecidas.
- Siempre que hiele durante la realización de la fábrica de bloques hay que interrumpir los trabajos, protegiendo la obra recién ejecutada con plásticos y mantas de aislante térmico.
- Al igual que anteriormente, se protegerá la fábrica con mantas de aislante térmico o plásticos si se prevé que puede helar en las horas siguientes a la ejecución.
- Si el mortero se hiela antes de fraguar, la adherencia, resistencia y durabilidad de este se verán afectadas considerablemente.
- Seguir las instrucciones ofrecidas por el fabricante cuando se utilicen aditivos anticongelantes para el mortero, asegurándonos de que los aditivos no sean nocivos para los bloques.

 **Recuerde**

Ante las bajas temperaturas, las fábricas se protegerán con plásticos y mantas de aislante térmico.

Protección contra el calor

Ante las altas temperaturas y la sequedad que estas producen, los muros de bloques tienen que regarse y mantenerse húmedos para evitar una evaporación del agua del mortero demasiado rápida, hasta que alcance la resistencia adecuada.

Regando el muro de bloques

 **Nota**

La evaporación altera el proceso normal de fraguado del mortero, endureciéndose y provocando fisuras en el mismo por la retracción.

Aunque la fábrica hay que mantenerla húmeda, no se mojará en exceso, ni con chorro a presión, ya que el agua podría arrastrar el mortero, quedando la junta muy debilitada.

Protección contra el viento

El fuerte viento se convierte en un hecho de cierta importancia cuando se están levantando fábricas de albañilería, ya que la obra puede perder la estabilidad.

No hay que olvidar que los muros de cerramiento, al no tratarse de muros cargados, son muy sensibles al vuelco por la acción del viento, por lo que se hace imprescindible anclarlos correctamente, y con los anclajes apropiados, a una estructura resistente que soportará, en última instancia, dicha acción del viento.

 Recuerde

El viento puede ocasionar la pérdida de estabilidad de la fábrica.

 Aplicación práctica

Si el mortero de un muro presenta fisuras, ¿cuál ha podido ser la causa? ¿Qué solución puede ofrecer?

SOLUCIÓN

La causa puede ser la conjunción de altas temperaturas y humedad, ya que estas alteran el proceso normal de fraguado del mortero.

Continúa en página siguiente >>

<< Viene de página anterior

La solución más lógica es mantener húmeda la fábrica, ya que evitará la rápida evaporación del agua del mortero. Pero hay que tener en cuenta que la fábrica no se mojará en exceso ni con chorro a presión.

9. Puntos singulares

En toda fábrica a construir con bloques hay que tener muy en cuenta una serie de zonas particulares y especiales. Estas zonas son conocidas como puntos singulares, que son elementos de la fábrica que, por su función o ubicación, son objeto de un tratamiento específico.

Los puntos singulares en una fábrica de bloques suelen corresponderse con las zonas en las que se acumulan tensiones derivadas de la obra.

Veamos más detenidamente estos puntos.

9.1. Petos

El peto de cubierta es la coronación del muro, zona muy delicada al estar expuesta a los agentes atmosféricos.

Unión peto-forjado de cubierta

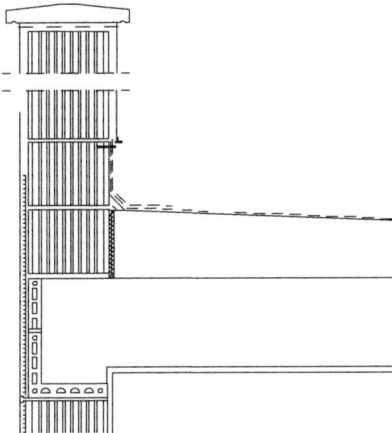

La mayoría de los cambios que sufre el peto se deben a las variaciones de temperatura y, si no se tienen las debidas precauciones, aparecerán fisuras en las cubiertas planas causadas por los desplazamientos del peto.

Grieta entre la piedra del vierteaguas y el peto

Por ello, hay que garantizar el aislamiento de la cubierta realizando, por lo general, cubiertas ventiladas. También es necesaria la incorporación de una junta de contorno rellena de un material comprensible en todo el perímetro de cubiertas planas con el fin de absorber los movimientos. Por otro lado, se incorporará un zuncho perimetral para mejorar la estabilidad del peto.

Nota

El zuncho perimetral sirve de base para la albardilla.

Además de los cambios de temperatura, las precipitaciones pueden ocasionar problemas en el peto. La solución más habitual es la colocación de albardillas: remate de los muros en forma de tejadillo destinado a la protección contra la lluvia.

Albardilla coronando el muro

Un óptimo diseño de la albardilla evacuará rápidamente el agua de lluvia evitando la formación de charcos.

Albardillas de distinto diseño

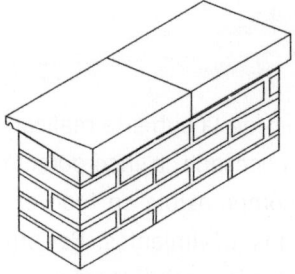 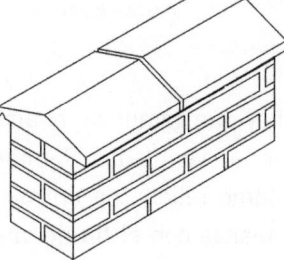

Las albardillas deben sobresalir unos 4 cm a ambos lados del muro e ir provistas de goterones, tanto hacia la fachada como hacia el interior.

Como es lógico, las albardillas se construirán con mortero hidrófugo. Además, deben alinearse perfectamente unas con otras.

Al tratarse de elementos de protección discontinuos, el agua puede llegar a filtrarse a través de las uniones. Por ello, hay que ofrecer soluciones como:

- Sellar las juntas.
- Colocar una lámina impermeable entre la fábrica de bloque y la albardilla, teniendo en cuenta que la estabilidad de la albardilla no puede verse perjudicada.

 Aplicación práctica

La dirección de la obra ha decidido que, para evitar los daños que puedan ocasionar las precipitaciones, se instalarán albardillas como remates de los muros. ¿Qué hechos habrá que tener en cuenta para la óptima instalación?

SOLUCIÓN

- El diseño de la albardilla tiene que ser el adecuado.
- Las albardillas deben sobresalir unos 4 cm a ambos lados del muro.
- Las albardillas deben ir provistas de goterones.
- Se utilizará material hidrófugo para la colocación de la albardilla.

9.2. Encuentros con forjado

A modo general, el forjado es aquel componente de la estructura de un edificio cuya función principal es recibir las cargas y trasmitirlas al resto de los elementos, caso de vigas, pilares y muros.

Ferrallas componentes del forjado

Pero hay que profundizar aún más para citar otra serie de funciones que debe cumplir el forjado:

- Soportar su propio peso.
- Soportar su proceso de construcción.
- Presentar compatibilidad de deformaciones con sus funciones.
- Aislar térmicamente y acústicamente las plantas entre sí.
- Resistencia al fuego.

Las ferrallas del forjado tienen que cumplir funciones como resistencia a las deformaciones y al fuego.

Los materiales utilizados para construir el forjado pueden ser variados dependiendo, principalmente, de las cargas que tiene que soportar, pero también de otras circunstancias:

- Disponibilidad de los materiales.
- Tiempo estimado para la ejecución del forjado.
- Iluminación prevista.
- Exposición a agentes agresivos.

La forma de transmitir las cargas es el factor principal para realizar una tipología de los forjados:

- **Forjados unidireccionales:** sus elementos resistentes se doblan en una dirección, por lo que tienen que apoyarse sobre elementos lineales (muros de carga o vigas). Puede ser que lleguen a flexionar transversalmente pero esta flexión transversal será insignificante con respecto a la flexión principal.
- **Forjados bidireccionales:** sus elementos resistentes o nervios flexionan en ambas direcciones pudiendo apoyarse sobre elementos lineales (vigas, muros) o sobre elementos puntuales (pilares).

 Recuerde

Los materiales utilizados para construir el forjado dependen principalmente de las cargas a soportar.

Hasta el momento se ha realizado una breve introducción sobre los forjados, describiendo distintos tipos de ellos y las funciones que estos realizan. A continuación, se analiza el encuentro del muro con el forjado.

El muro de bloques se encontrará con el forjado de dos formas diferentes:

- Cuando el forjado sirve de apoyo a la misma.
- Cuando acomete al forjado por la cara inferior.

Apoyo del muro en el forjado

Se apoyan las dos hojas de la fábrica sobre el forjado, colocando la hoja externa con un ligero vuelo y quedando la estructura del edificio oculta tras la hoja de cerramiento, otorgando al muro exterior una imagen de continuidad.

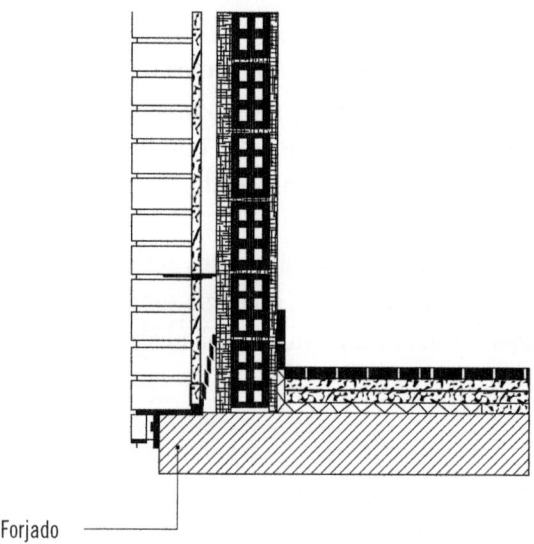

Forjado

La superficie del forjado debe quedar nivelada y limpia, apoyándose 2/3 del muro en el forjado para garantizar, de esta manera, la estabilidad del muro frente a la transmisión de cargas verticales y frente a los empujes horizontales.

La mejor solución para asegurar la estabilidad de la hoja externa es pasar la hoja exterior del cerramiento por delante del forjado. Mediante esta solución constructiva también se consigue:

- La colocación continua del aislante, evitando la aparición del puente térmico en el canto del forjado.
- No transmitir la humedad de la hoja exterior al forjado, ya que no se apoya directamente sobre él mismo.

Recuerde

Dos tercios de la superficie del forjado deben quedar apoyados en el muro.

Por último, hay que comentar que este sistema constructivo evacuará al exterior el agua que haya entrado hasta la cámara, utilizando una lámina impermeable colocada en la hoja interior e introducida en el apoyo con el forjado.

Encuentro del muro con la cara inferior del forjado

En este caso, es recomendable comenzar el cerramiento por la planta superior del edificio para que, cuando se realice el cerramiento de cada planta, ya se haya producido la deformación de la planta superior, debido al peso del cerramiento que existe sobre ella.

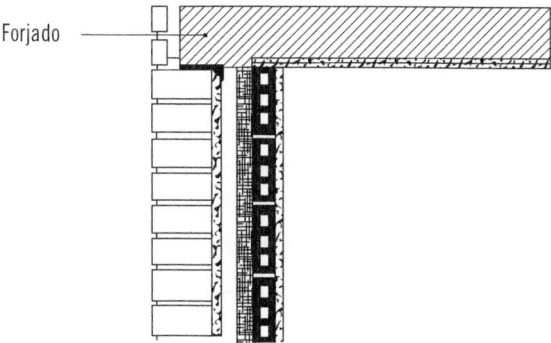

Forjado

Con el fin de evitar la entrada en carga de la fábrica por deformaciones en el borde del forjado, se dejará una holgura de 2 cm entre la hilada superior del cerramiento y el forjado, rellenándola posteriormente con mortero.

En un tipo u otro de encuentro con el forjado, hay una serie de aspectos a tener en cuenta:

- La fábrica se armará por tendeles cuando los pilares se sitúen a más de 4 metros de distancia entre ellos. Aunque también se pueden disponer pilastras de hormigón armado o costillas verticales dentro de los huecos de las piezas de la fábrica.
- Cuando se disponen juntas horizontales de movimiento bajo los forjados, la presión o succión del viento la han de transmitir a los pilares estructurales contiguos, donde habrá que anclarlos adecuadamente.
- El sistema utilizado debe permitir ajustes tanto en sentido vertical como horizontal para que se puedan solucionar posibles problemas de ejecución.
- Los perfiles garantizarán que la deformación no supere el límite máximo.
- La superficie de hormigón donde se fije el perfil metálico será totalmente estable.
- Los materiales utilizados serán resistentes a la corrosión.
- Incluir sistemas de impermeabilización y evacuación ante la posible entrada de agua a través de la hoja exterior.
- Para que los movimientos causados por los cambios de temperatura no acarreen problemas, hay que utilizar perfiles de poca longitud dejando juntas entre elementos adyacentes.

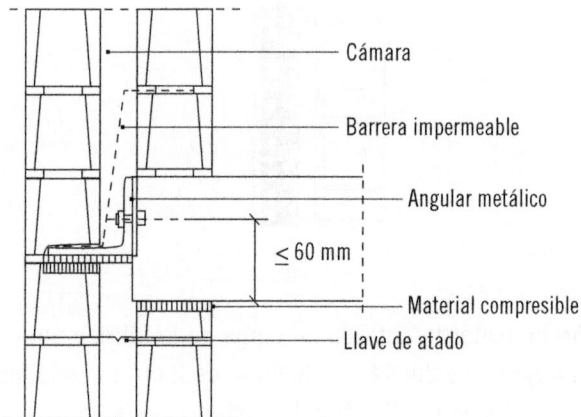

Cámara

Barrera impermeable

Angular metálico

≤ 60 mm

Material compresible

Llave de atado

Recuerde

Cuando se vaya a realizar el encuentro del muro con la cara inferior del forjado, el cerramiento comenzará por la planta superior.

Paso del forjado

Los pasos de forjado y la cara exterior de los pilares deben quedar ocultos, para lo cual hay que hacer uso de plaquetas cerámicas que posean resaltos en su cara interior para mejorar su adherencia.

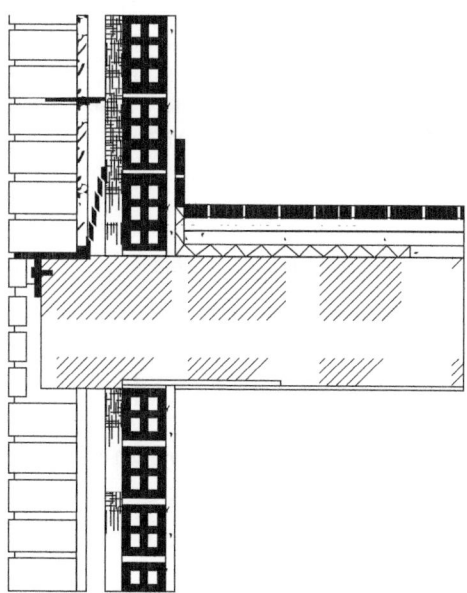

El paso del forjado se convierte en un puente térmico que hay que evitar. Algunas de las posibles soluciones son:

- Colocar material aislante entre el forjado y la plaqueta.
- Desde el interior del edificio, colocando material aislante cerca del cerramiento en el suelo y techo.
- Emplear un sistema de fachada ventilada.

Recuerde

El paso del forjado es un puente térmico que hay que evitar.

Aplicación práctica

Estamos trabajando el forjado del edificio. Teniendo en cuenta que el muro se apoyará en este, cite una serie de aspectos a tener en cuenta.

SOLUCIÓN

La superficie del forjado debe quedar nivelada y limpia.

Se apoyará 2/3 del muro en el forjado.

Pasar la hoja exterior del cerramiento por delante del forjado.

Debe introducirse una lámina impermeable en el apoyo con el forjado.

9.3. Arranque de muro en cimentación

La cimentación es la parte de la estructura de una construcción encargada de transmitir el peso o carga del edificio al terreno.

Muro exterior sobre el cimiento

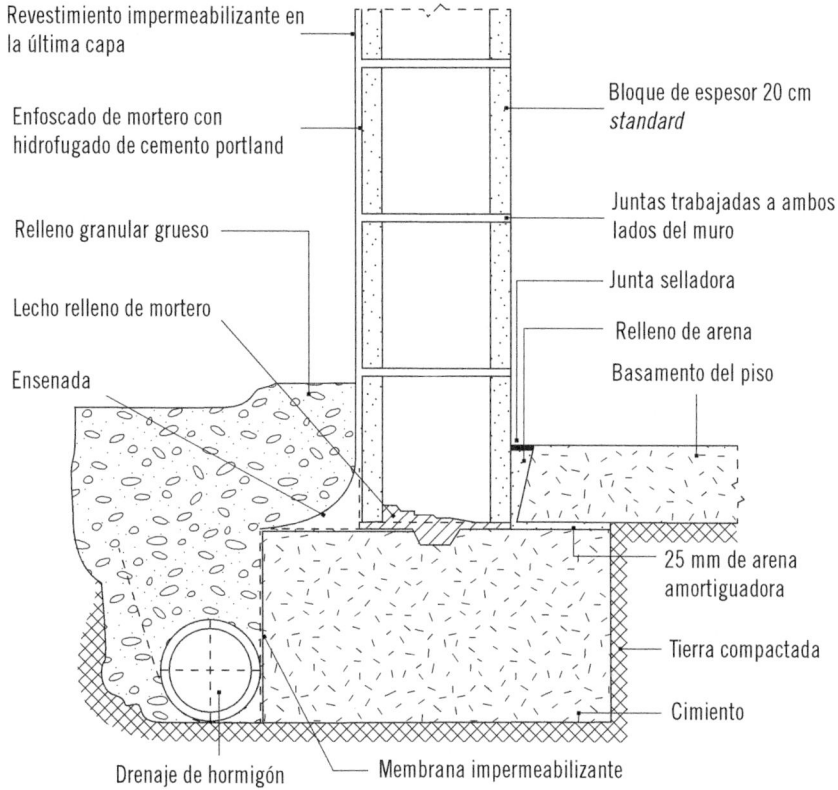

Revestimiento impermeabilizante en la última capa

Enfoscado de mortero con hidrofugado de cemento portland

Relleno granular grueso

Lecho relleno de mortero

Ensenada

Bloque de espesor 20 cm *standard*

Juntas trabajadas a ambos lados del muro

Junta selladora

Relleno de arena

Basamento del piso

25 mm de arena amortiguadora

Tierra compactada

Cimiento

Drenaje de hormigón

Membrana impermeabilizante

Dos tipos de cimentación podemos destacar:

Cimentación profunda

Es la encargada de transmitir la carga al suelo por presión bajo su base, pero que además puede contar con rozamiento en el fuste.

En el caso de que el peso de los muros y del edificio sea excesivo y el terreno incapaz de soportarlo, hay que buscar soluciones como:

■ Muros pantalla: muros verticales profundos que soportan las presiones del terreno.

■ Pilotes: elementos puntuales que se hincan en el suelo y trasmiten las cargas a estratos más profundos y resistentes.

Cimentación superficial

Es aquella que se apoya en las capas superficiales del suelo soportando las cargas por medio de la ampliación de base.

El hormigón armado y la piedra natural son los materiales más utilizados para la construcción de las cimentaciones superficiales.

9.4. Colocación de aislantes

En las obras de construcción, los aislantes son aquellos materiales encargados de evitar la transmisión de energía.

Tipos de aislantes

Dentro del amplio abanico de aislantes, los mayormente utilizados en las fábricas de bloques son:

Aislante térmico

Como su propio nombre indica, es el aislante utilizado como barrera a las temperaturas extremas, impidiendo que entre o salga calor del elemento en construcción.

Placas de corcho natural utilizadas como aislante térmico

El aire con baja densidad es muy utilizado como método de aislamiento, ya que impide el paso de calor por radiación o por conducción, pero su capacidad de aislamiento se reduce porque el calor sí que se transmite por convección. Por esta razón, también se utilizan materiales porosos o fibrosos como aislante:

- **Corcho:** es el material aislante más utilizado en los últimos años. En la mayoría de las ocasiones, se vende en placas, siendo colocadas en forma de panel e incorporando un tratamiento contra el ataque por hongos.
- **Lana de roca:** comercializada en paneles, se aplica como aislamiento en cubiertas, aislamiento de forjados, fachadas ventiladas, particiones interiores, etc.
- **Celulosa:** se trata de papel reciclado y molido que, tras añadirle productos ignífugos, se convierte en buen aislante térmico, sirviendo también como aislante acústico. La celulosa se insufla en las cámaras o se proyecta en húmedo.
- **Poliestireno expandido:** derivado de petróleo y del gas, se obtiene este material en forma de gránulos que, debido a su alta combustibilidad, lleva incorporados retardantes. Se comercializa en placas con las dimensiones deseadas.
- **Otros tipos de aislantes térmicos** son paneles rígidos, coquillas, lanas de vidrio, lana natural de oveja, vidrio expandido, espuma celulósica, espuma de polietileno, espuma de poliuretano, etc.

 Sabía que...

La lana de roca es un material incombustible, resistente al fuego, con un punto de fusión superior a los 1200 °C.

Aislante acústico

El aislamiento acústico se basa en la protección contra la entrada de ruido y, al mismo tiempo, en evitar que el sonido salga hacia el exterior. Para ello, se debe disponer de los medios y materiales necesarios, siendo la función de los materiales aislantes absorber la energía para mejorar la acústica del edificio o recinto. Es lo que se conoce como acondicionamiento acústico.

Aislamiento acústico de pared

Aunque se haya mencionado el acondicionamiento acústico, este tema se basa en el aislamiento acústico, entendido este como impedimento para que el ruido penetre de un lugar a otro, sea del exterior al interior, de una vivienda a otra o de una sala a otra.

De esta manera, se debe afirmar que los materiales aislantes de ruido tienen que ser, por lo general, malos absorbentes. En el exterior, el aislante tendrá como misión reflejar la mayor cantidad de energía sonora. Pero la cosa cambia cuando estamos ante estructuras, ya que el material debe ser buen absorbente: colocado en el espacio cerrado entre dos tabiques paralelos, mejora el aislamiento que pueden ofrecer por sí solos dichos tabiques.

En la actualidad encontramos diversos sistemas, técnicas y materiales destinados a la reducción de la contaminación acústica. Algunos de ellos son:

■ **Plomo:** a pesar de que en la actualidad está prohibida su utilización, las láminas de plomo son el mejor aislante contra el sonido y las vibraciones.

■ **Cámaras de aire:** el espacio de aire hermético que se crea actúa de manera eficaz como aislante acústico, incrementándose el aislamiento si colocamos materiales absorbentes como celulosa, lana de roca o lana de vidrio.

■ **Hormigón y acero:** su rigidez y ausencia de poros consiguen que estos materiales sean buenos aislantes.

Recuerde

Por lo general, los aislantes de ruido deben ser malos absorbentes.

Aislante antihumedad

Los aislantes antihumedad son productos o elementos que deben actuar como obstáculos ante el paso del agua.

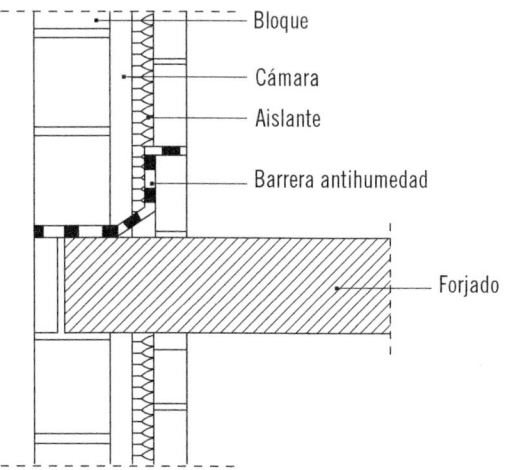

Bloque
Cámara
Aislante
Barrera antihumedad
Forjado

Dentro de los aislantes antihumedad destacan las barreras antihumedad, las cuales tienen que situarse en aquellos lugares del edificio que corran peligro de entrada de agua:

- En las zonas de los muros que entran en contacto con el terreno deben colocarse láminas impermeables horizontales para impedir la ascensión de agua por capilaridad y verticales en muros enterrados.
- En muros exteriores con cámara se recomienda colocar barreras antihumedad sobre la cara superior del forjado, con pendiente hacia el exterior. Además, la llaga de mortero se interrumpirá en su parte inferior con el fin de evacuar el agua que pueda entrar en la cámara.

Por último, comentar que las barreras antihumedad horizontales en los muros deben permitir la transmisión de cargas verticales y horizontales sin sufrir ni causar daños.

 Nota

Las barreras antihumedad tendrán suficiente resistencia superficial de rozamiento para evitar el movimiento de la fábrica que descansa sobre ellas.

9.5. Colocación de aislantes

Respecto al almacenaje de los materiales aislantes en la obra, hay que destacar que:

- El acopio debe realizarse en un lugar destinado a ello, siempre que se trate de un local seco y aireado.
- El material aislante se protegerá de insectos y roedores.

Algunos consejos generales para la correcta colocación de los aislantes (en paneles) pueden ser:

- Hay que verificar que el panel se encuentra en perfectas condiciones, rechazándolo si comprobamos algún defecto, caso de deformaciones o humedad.
- Para colocar paneles y materiales aislantes no puede haber humedad ni focos de calor como el que desprenden algunas herramientas, caso del soplete.
- El material aislante se colocará perfectamente, sin comprimirlo y evitando al máximo la realización de regatas y orificios.
- El adhesivo para colocar los paneles debe ser el que indique el fabricante.

Seguidamente se realiza un análisis más profundo de la colocación de aislantes:

Colocación en paredes y cámaras

- En primer lugar, se preparará el soporte eliminando cualquier tipo de suciedad, ya sea polvo o grasa.
- Se extiende el adhesivo indicado.
- Se coloca el aislante en el tabique haciendo presión y se descuelga de arriba a abajo. Puede utilizarse masilla o espuma de poliuretano para incrementar la adhesión.
- Se repite el mismo proceso solapando con el siguiente panel.
- En último lugar, se unirán los paneles con el material indicado.

Colocación en cubiertas

- Al igual que anteriormente, se prepara el soporte limpiando perfectamente de polvo, grasa u otros desperdicios.
- Se colocará el aislante a lo largo de toda la cubierta, realizando los correspondientes solapes.

Nota

El aislante también puede colocarse por debajo de la cubierta.

Colocación en suelos

- El aislante puede colocarse bajo las bandas del suelo. De esta manera, se evitan las pérdidas de calor por el forjado del edificio.
- También puede colocarse directamente bajo una chapa de compresión de mortero y baldosa.

 Recuerde

Antes de colocar el material aislante en las paredes, hay que limpiar el soporte.

9.6. Formación de huecos

Los huecos son puntos débiles dentro de la fábrica de bloques ya que provocan un vacío e interrupción en la puesta de piezas. Además, en los huecos se produce una disminución del aislamiento.

Los principales huecos que se dan en las fábricas de albañilería son las ventanas y las puertas. La situación de unas u otras debe estar bien estudiada y siempre de acuerdo con la modulación de los bloques.

Componentes de un hueco

Varios son los elementos que componen un hueco, siendo los siguientes los más destacados:

- **Dintel:** parte superior del hueco (puertas y ventanas) que carga sobre las jambas. Las piezas que lo componen sirven de encofrado, colocando en su interior las armaduras y echando hormigón en el hueco. De esta manera, se forma una viga armada.
- **Jamba:** piezas verticales que, situadas en los lados de las puertas o ventanas, sostienen el dintel o el arco de ellas.
- **Cargadero:** parte resistente del dintel.
- **Antepecho:** cierre inferior del hueco de una ventana.
- **Alféizar:** plano del hueco de una ventana que define la coronación del antepecho.

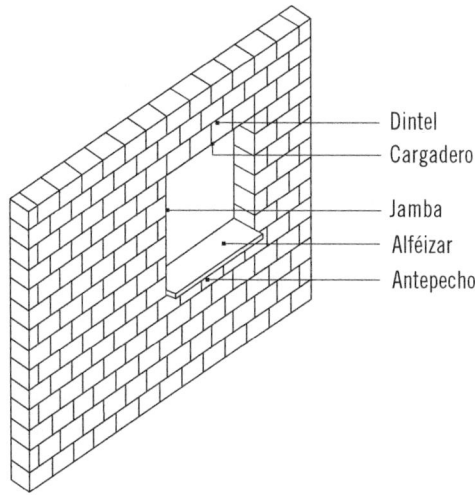

Como se puede comprobar, para mostrar los componentes de un hueco nos hemos basado en la ventana, por lo que hay que eliminar el antepecho y el alféizar cuando analicemos una puerta.

 **Nota**

Las jambas se ejecutarán con piezas medias y enteras, como si se tratara del comienzo de un muro.

Por último, comentar varias recomendaciones:

- Las zonas inmediatamente inferiores a las jambas y el antepecho deben reforzarse con armaduras de tendel.
- Es recomendable introducir una membrana impermeable en las jambas.
- El vuelo del vierteaguas del alféizar será al menos de 3 cm. Además, debe disponer de goterón.

Carpintería

La carpintería es considerada como uno de los elementos más delicados de la fábrica de bloques, ya que debe resolver problemas de aislamiento, filtración de aire, agua, etc. Por ello, los materiales componentes de la carpintería tienen que:

- Garantizar la solución a estos problemas.
- Ser compatibles con los elementos de la fábrica.

Entre los materiales de carpintería destacan la madera, el aluminio y el acero. Tanto unos como otros tienen que cumplir una serie de funciones para crear estabilidad y estanqueidad. Para ello, la carpintería se basará en:

- Cierres de doble tope.
- Recogida de filtraciones.
- Vierteaguas colocados en la junta horizontal inferior.
- Ingletes debidamente sellados.
- Correcta unión con la fábrica.

A continuación, se analizarán los principales elementos que intervienen directamente en la unión de la carpintería con la fábrica.

Precerco

Es el perfil fijo de madera o metálico que se sitúa entre la ventana y el hueco.

Precerco

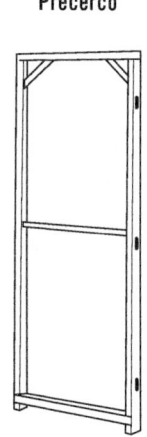

 Nota

En el caso de que el perfil esté situado en la puerta, se le conoce con el nombre de premarco.

Tanto precerco como premarco tienen como misión soportar el cerco y facilitar el replanteo del hueco. Su sección permitirá el buen acoplamiento a la fábrica y tendrá la superficie adecuada para recibir el cerco.

La colocación de precercos y premarcos se realizará al mismo tiempo que se ejecutan los tabiques, por lo que tienen que encontrarse en la obra cuando vayan a levantarse los muros.

Por último, hay que decir que deben colocarse perfectamente aplomados y escuadrados.

Cerco

Es el conjunto de perfiles fijos de una ventana que se incrusta en el precerco o se coloca directamente a la fábrica en caso de no poseer precerco. Actúa como base de las hojas, ya sean correderas o de otro tipo.

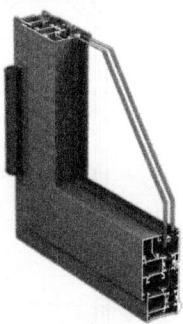

Parte de un cerco

Mocheta

Rebaje en forma de ángulo entrante que se practica en el perímetro de un hueco con el fin de encajar el cerco y precerco de la ventana. Se recomienda que la mocheta sea interna y así colocar la carpintería desde el interior.

Otra función de la mocheta es proporcionar protección frente a la lluvia y viento a la junta situada entre muro y cerco. También facilita el acoplamiento del precerco o cerco de manera que se puedan absorber movimientos diferenciales.

Mocheta

 **Nota**

En los muros de dos hojas es sencillo obtener la mocheta sin necesidad de cortar las piezas, retranqueando ligeramente la hoja interna.

Colocación de las ventanas y puertas

Las puertas son colocadas, en la mayoría de los casos, por los propios fabricantes. Por ello, nos centraremos en la colocación de las ventanas.

Colocación de ventana

Habitualmente, las ventanas salen montadas del taller, por lo que los albañiles solo tienen que fijarlas a la fábrica.

Se recomienda seguir los siguientes pasos:

1. Realizar el hueco de acuerdo con las dimensiones de la ventana proyectada, teniendo en cuenta las mochetas.
2. Colocar una barrera impermeable entre la hoja exterior y la interior para evitar la humedad en toda el área del hueco.
3. El precerco se aloja en la mocheta y se fija a la hoja interior.
4. Rellenar las juntas con un material que tenga la suficiente elasticidad para absorber las dilataciones diferenciales, logrando una unión no rígida.
5. A continuación, se coloca el cerco sobre el precerco, fijándolo cuando esté correctamente situado.
6. Sellar la junta entre ambos de manera que sea totalmente estanca.
7. El precerco quedará oculto al exterior, apareciendo sólo la junta entre cerco y fábrica. Esta junta debe sellarse siempre y en todo su perímetro con silicona neutra.

El **sellado de las juntas** es un proceso fundamental para que la colocación de las ventanas sea óptima. Además, impide el paso del agua, aire, polvo, etc.

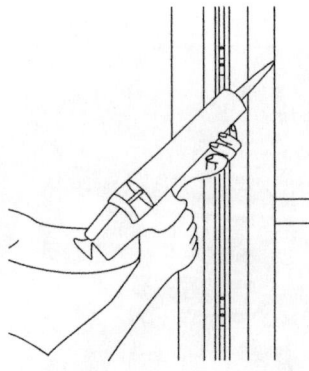

Entre los productos utilizados para sellar las ventanas destaca la silicona. Varios son los requisitos que tiene que cumplir:

- Ser resistente al paso del tiempo.
- Resistir el ataque de agentes agresivos.
- Adherirse perfectamente a los elementos constructivos.
- Mantener la estanquidad ante los movimientos producidos por las dilataciones térmicas entre el día y la noche, y las solicitaciones mecánicas debidas al viento, vibraciones, movimiento, uso, etc.

Para que no pierda efectividad la silicona, hay que limpiar la superficie y eliminar cualquier obstáculo que impida la óptima adhesión. Además, el cordón de silicona tiene que penetrar bien en la junta, aplicándose un grueso de 6 a 8 mm como mínimo.

Por último, comentar que los cordones de sellado deben ser revisados de vez en cuando para comprobar que continúan siendo efectivos, y en caso de no serlos, sustituirlos.

 Aplicación práctica

Nos disponemos a realizar el hueco de una ventana, por lo que tenemos que seguir una serie de recomendaciones. Cite algunas de ellas.

SOLUCIÓN

- Las jambas se ejecutarán con piezas enteras y medias.
- Si las piezas que componen el dintel van a servir de encofrado, en su interior se colocarán las armaduras y se rellenará el hueco con hormigón.
- Las zonas inmediatamente inferiores a las jambas y el antepecho deben reforzarse con armaduras de tendel.
- Se recomienda introducir una membrana impermeable en las jambas.
- El vuelo del vierteaguas del alféizar será al menos de 3 cm. Además, debe disponer de goterón.

10. Control de calidad

Como se ha comentado anteriormente, la construcción de edificios en masa hace que a veces se descuide la calidad de estos, hecho que sufren aquellas personas que compran las construcciones. Por esta razón, es necesario que se lleve a cabo el control de calidad de las construcciones, para que la ejecución de estas se realice correctamente.

Además de evitar la insatisfacción del usuario, el control de calidad es necesario para reducir o evitar los riesgos y pérdidas. Por ello, es el promotor quien tiene que exigir y llevar a cabo los controles de calidad eliminando en la medida de lo posible los defectos en los edificios y los excesos de coste.

El promotor se apoyará en la dirección facultativa de la obra, arquitecto y aparejador, para que se ofrezca un programa de seguimiento de calidad adecuado a cada tipología de obra.

El resto de operarios también son esenciales en la calidad final de la obra ya que son ellos los que realizan directamente el trabajo.

10.1. Planeidad

Al igual que en un muro de ladrillos, la planeidad de un muro de bloques es el grado de nivelación que este posee, es decir, la calidad de plano, liso, sin imperfecciones u ondulaciones en la superficie del muro.

Albañil aplicando mortero entre las juntas de la fábrica

Aunque la lisura se consigue con el revestimiento final, el espesor del revestimiento se reducirá y se facilitará el trabajo cuando se alcance un alto grado de planeidad. El acabado final se realizará con el material que más guste o sea más idóneo: mortero, yeso, etc.

Por esta razón, en cada metro de muro hay que comprobar el grado de planeidad con una regla totalmente plana y de unos 2 metros de longitud. Se considerará un valor inadmisible superar 5 mm de desnivel en 1 metro de muro, o 20 mm, en 10 metros.

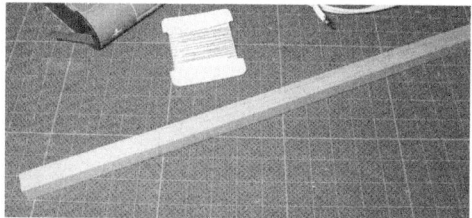

Regla para comprobar la pleneidad

Siempre que aparezcan huecos en la superficie de la fábrica de bloques, se procederá al relleno de estos con mortero. En cambio, si encontramos resaltes pronunciados, caso de mortero endurecido saliente entre las llagas de los bloques, hay que retirarlos con la ayuda de las herramientas más convenientes (machota y cincel, picola, etc.).

Picola: herramienta utilizada para eliminar resaltes

Recuerde

En cada metro de muro realizado hay que comprobar el grado de planeidad con una regla totalmente plana y de unos 2 metros de longitud.

10.2. Desplome

Referido a un muro de bloques, el desplome puede considerarse como la falta de verticalidad de este. Así, el control del desplome consiste en comprobar si el muro es totalmente vertical.

Comprobando la verticalidad del muro con la ayuda de una plomada

Nota

Es el albañil encargado de levantar la fábrica de bloques el que tiene que comprobar el aplomado a medida que la va levantando.

Hay una serie de valores inadmisibles de desplome:

■ Más de 20 mm por planta.
■ Más de 50 mm en todo el edificio.

La plomada es el utensilio o instrumento más utilizado para controlar el desplome de la fábrica de bloques.

Como podemos ver en la fotografía, es un instrumento que consta de una cuerda y una pesa de plomo. Al caer la pesa, se tensa la cuerda y nos marca la verticalidad del muro de bloques.

Hay casos en que el albañil prefiere utilizar un nivel de burbujas para comprobar la verticalidad del muro.

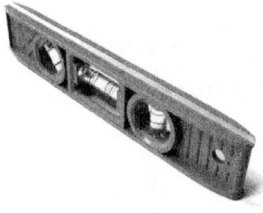

Nivel de burbujas

 Recuerde

La plomada es el principal instrumento utilizado para comprobar el desplome de la fábrica levantada.

10.3. Horizontalidad de las hiladas

Para llevar a cabo el control de la horizontalidad de las hiladas, en primer lugar, se nivelará y limpiará la superficie, rellenando con mortero los huecos que nos vayamos encontrando.

Hay que echar mortero en la superficie para fijar la primera hilada y posteriormente se colocan los bloques hilada tras hilada.

Si seguimos el hilo situado en las miras, la horizontalidad de las hiladas estará prácticamente asegurada.

Hilo

 **Nota**

La horizontalidad de las hiladas de la fábrica de bloques hay que comprobarla varias veces en cada muro.

La comprobación de la horizontalidad de la última hilada se realizará colocando una regla y, sobre esta, un nivel de burbuja. Se irá ajustando la horizontalidad de la hilada dando pequeños golpes a los bloques con el mango de la paleta antes de que endurezca el mortero. La regla utilizada tiene que ser totalmente plana y estar limpia.

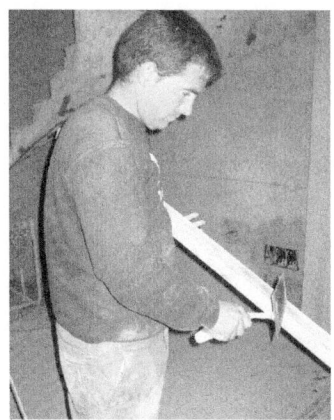

Operario limpiando la regla

Hay que tener en cuenta que la horizontalidad será total cuando la burbuja de aire del nivel se encuentre entre las dos marcas señaladas.

La burbuja entre las dos marcas indica que la horizontalidad es correcta.

Se considera un valor inadmisible en la horizontalidad de las hiladas una variación superior a 2 milímetros por cada metro.

Recuerde

La horizontalidad se llevará a cabo siguiendo el hilo situado en las miras y mediante el nivel de burbuja.

Aplicación práctica

Nos disponemos a levantar un muro de bloques de hormigón. Uno de los principales aspectos a tener en cuenta es el control de la horizontalidad de las hiladas. ¿Qué medidas y pasos hay que seguir para llevar a cabo la óptima horizontalidad?

Continúa en página siguiente >>

<< Viene de página anterior

SOLUCIÓN

I En primer lugar, se nivelará y limpiará la superficie, rellenando con mortero los huecos que nos vayamos encontrando.

I Al colocar las hiladas, seguiremos el hilo situado en las miras.

I La horizontalidad se comprobará colocando sobre la hilada una regla y, sobre esta, un nivel de burbuja. Si la horizontalidad no es total, se ajustará dando pequeños golpes a los bloques con el mango de la paleta antes de que endurezca el mortero. La regla utilizada tiene que ser totalmente plana y estar limpia.

10.4. Alturas parciales y totales

Dentro del control de calidad también hay que llevar a acabo el control de las alturas parciales y totales de las fábricas de bloques.

Tanto para unas como para otras, superar los 25 milímetros en el muro se considerara un error inadmisible.

10.5. Espesor de juntas

El espesor de las juntas de mortero hay que tenerlo en cuenta, ya que es un factor que puede repercutir en el comportamiento estructural del edificio, por el hecho de que influye directamente en sus parámetros fundamentales: deformabilidad y resistencia.

 Nota

Hay estudios que demuestran que la junta de mortero es un factor determinante en el comportamiento estructural de la fábrica.

El espesor de las juntas tiene que ser el idóneo

Hay una relación directa entre el espesor de la junta y el tamaño del grano de árido:

- Grano del árido de 2 mm como máximo para juntas menores a 5 mm.
- Grano del árido de 3 mm como máximo para juntas situadas entre 5 y 15 mm.
- Grano del árido de 5 mm como máximo para juntas entre 15 y 20 mm.

Como se ha podido observar, el espesor de las juntas puede variar, siendo lo normal no superar los 10-12 mm. Lo que sí hay que tener en cuenta es que entre cada pieza debe quedar una distancia mínima que permita absorber las tolerancias propias del bloque, así como las de colocación. En el caso de querer utilizar llagas delgadas, habrá que tener en cuenta las tolerancias del bloque elegido.

Por último, comentar que el control del espesor de las juntas se realizará con la máxima precisión y de acuerdo con las especificaciones del proyecto.

10.6. Aparejo

Al igual que los aparejos de ladrillos y de piedras, el aparejo de bloques puede definirse como la distribución concreta que reciben los bloques en las diferentes hiladas. De esta manera, el control del aparejo de bloques será la existencia de una trabazón adecuada de cada una de las hiladas con la inmediatamente inferior y con la inmediatamente superior.

El control del aparejo de bloques se realizará a simple vista, teniendo en cuenta la elección del tipo de aparejo. Esta elección estará influenciada, entre otras, por razones constructivas como la función y el grosor de la pared.

10.7. Enjarjes en esquinas y encuentros

El enlace de los distintos bloques que conforman la fábrica en puntos singulares, como las esquinas y los encuentros con elementos particulares como el forjado, necesitan un control para que este ensamblaje se realice correctamente y no haya problemas de ejecución. El control se realizará:

- Cada 10 metros.
- Uno por planta.

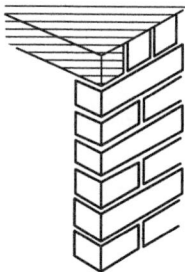

Hay que tener muy en cuenta la necesidad de respetar los criterios de las hiladas generando enjarjes que garanticen la traba de todas las hiladas. Además, siempre que sea necesario se emplearán piezas especiales previstas por el fabricante.

Por último, comentar que el empleo de enjarjes plantea serias dificultades para el correcto relleno de las juntas al enlazar la fábrica. Por desigualdades de asiento, pueden aparecer roturas locales.

Recuerde

El control de los enjarjes y el encuentro con puntos singulares se realizará cada 10 metros, además de una vez por planta.

Aplicación práctica

Es necesario controlar el enlace de las fábricas de bloques de hormigón con el forjado. ¿En cuántas ocasiones hay que realizar el control para que el ensamblaje se realice correctamente y no haya problemas de ejecución?

SOLUCIÓN

El control se realizará cada 10 metros y uno por planta.

10.8. Juntas

Las juntas de una fábrica de albañilería son totalmente necesarias para evitar problemas, ya que la contracción y dilatación de los bloques pueden acarrear problemas; si no existiesen las juntas seguramente aparecerían grietas.

Juntas de movimiento

A continuación, se muestra otra serie de medidas destinadas al control de las juntas de movimiento:

- Ejecutemos las juntas de movimiento rectas o endentadas, siempre habrá que adaptarse al aparejo del muro.
- La distancia horizontal entre juntas verticales nunca debe superar los 8 metros.

- Se dispondrán juntas en las esquinas siempre que las longitudes de los paños que las forman superen los 8 m, en paños de más de 8 m de longitud en los que se producen pequeños quiebros, en los cambios de altura del edificio, en aquellas zonas donde se producen cambios de espesor de los muros, etc.
- El ancho de la junta dependerá del tipo de sellante y, sobre todo, del movimiento previsto. En general, el ancho estará comprendido entre los 2 y 3 cm.
- Utilizar llaves que permitan el movimiento en sentido longitudinal, caso de llaves con funda deslizante.
- Las llaves serán resistentes a la corrosión o estar adecuadamente protegidas contra ella.
- También se pueden aprovechar los entrantes de las caras laterales del bloque para construir una junta cuyo fin es permitir los movimientos longitudinales de la fábrica y la traba en sentido transversal. Habrá que utilizar un papel resistente para evitar la adherencia.

 Recuerde

El ancho de la junta depende, sobre todo, del movimiento previsto.

A continuación, se muestra una serie de medidas y consideraciones para llevar a cabo un óptimo relleno y sellado de las juntas:

- El material utilizado para el relleno y sellado de la junta dependerá del comportamiento exigido al muro, del tipo de bloque y del rango previsto de movimiento. Por lo general, las siliconas neutras ofrecen un mejor comportamiento en cuanto a la adherencia y elasticidad frente al paso del tiempo.
- La superficie interior de la junta estará libre de mortero y limpia.
- Habrá una junta de movimiento en cada junta estructural.

- Las juntas de mortero de las hiladas horizontales deben estar perfectamente llenas, con el fin de que el material sellante penetre en ellas.
- El espesor de la junta será constante.
- Antes de llenar la junta, la fábrica debe estar seca.
- La aplicación del sellante debe estar de acuerdo con las instrucciones del fabricante.
- Se aplicará sellante a la totalidad de la profundidad especificada, evitando burbujas.

Juntas de relleno

Se puede afirmar que es necesario asegurar el relleno de las juntas mediante mortero para evitar los problemas que puede acarrear una ejecución deficiente.

El agua es uno de los elementos que más afectan a la fábrica. Rellenar deficientemente las juntas con mortero puede provocar que el agua de lluvia penetre hacia el intradós del muro. Este hecho se suele dar siempre que el agua encuentra algún punto vulnerable. Por esta razón, hay que inspeccionar las juntas de mortero en todo el espesor de la fábrica.

Con el fin de controlar las juntas:

- Estas se realizarán con la máxima precisión y de acuerdo con las especificaciones del proyecto en cuanto a espesor, forma, textura, etc.
- Hay que cerrar las juntas totalmente. Existe la idea errónea entre los profesionales de que tapar la junta sólo por el exterior asegura la impermeabilidad del paramento.

Por último, comentar que los profesionales tienen que dar la forma y el aspecto definitivo a la junta mediante el llagueado. Este se realizará:

- Con el llaguero o con la paleta.
- Antes de que el mortero haya fraguado y teniendo cuidado de no arrastrar el mortero.

10.9. Aplomado de llagas

Otro aspecto que exige control en las fábricas de bloques es el aplomado de las llagas. Se pueden realizar dos clases de aplomado de llagas.

- **Aplomado parcial:** se trata del control realizado conforme se levanta la fábrica, por lo que antes de terminar el muro se han realizado varios controles. Este aplomado se realizará cada tres metros, no admitiendo variaciones superiores a 10 mm en estos 3 metros.
- **Aplomado total:** podemos definirlo como el aplomado realizado en toda la altura de la fábrica, teniendo en cuenta que no se admitirán variaciones superiores a 15 mm en toda la altura.

10.10. Limpieza y apariencia

La fábrica de bloques a revestir debe mantenerse limpia para facilitar el trabajo, aunque no sea un hecho fundamental como en el caso de las fábricas vistas.

Mantener limpia la fábrica de bloques es un hecho a tener en cuenta por parte de todos los trabajadores de la obra, no solo por parte de aquellos que la ejecutan. Habrá momentos en los que haya que proteger la fábrica con plásticos siempre que en sus proximidades se estén realizando trabajos que puedan manchar.

En ocasiones, a pesar de haber tomado las medidas necesarias, la fábrica de bloques es salpicada por una serie de productos que la manchan. Para lograr una buena y fácil limpieza:

- La fábrica estará totalmente seca antes de proceder al limpiado de la misma.
- La limpieza se realizará cuando se acabe la fábrica pero la masa sobrante de mortero entre las llagas debe ir retirándose sobre la marcha.
- Nunca utilizar esponjas húmedas ni estropajos cuando se quieran eliminar restos de mortero durante la ejecución de la fábrica.

Hay ocasiones en las que el material que se ha incrustado en la fábrica es muy difícil de quitar. Siempre que se dé este caso, se podrán tomar las siguientes medidas:

- Humedecer con agua la zona afectada.
- Cuando se dé el caso, habrá que utilizar productos limpiadores específicos.
- Limpiar con fuerza la zona afectada utilizando utensilios como un cepillo raíz.

Cepillo raíz

 Nota

Habrá momentos en los que se utilizarán herramientas (martillo y cincel, piqueta, etc.) para retirar la suciedad o material incrustado.

Por último, se muestra una serie de aspectos particulares que, debidos a su importancia, no pueden pasar desapercibidos:

- Los trabajos de limpieza y aclarado se realizarán simultáneamente.
- Leer adecuadamente las instrucciones de aquellos productos especiales que vayan a ser utilizados en la limpieza de la fábrica ante la posibilidad de que sean perjudiciales. Por ello, habrá que realizar pruebas previas para conocer la reacción de los bloques a estos productos.

- En el caso de utilizar chorro a presión para la limpieza de la fábrica, hay que asegurarse de que este no afecta a la junta de mortero.
- La limpieza se realizará de la parte superior a la parte inferior.

 Recuerde

La masa de mortero sobrante entre las llagas se irá retirando sobre la marcha.

11. Defectos de ejecución habituales: causas y efectos

Los defectos de ejecución engloban un amplio campo de imperfecciones, visibles o no, de la obra edificada desde el momento del desarrollo del proyecto hasta la finalización de los trabajos.

 Nota

Los defectos pueden surgir por un mal diseño o especificación, por el uso de materiales de poca calidad, por falta de una buena construcción, etc.

Entre los problemas más comunes que aparecen en un edificio debidos a defectos de construcción, destacan:

11.1. Humedad capilar

Es la que aparece en las fábricas como consecuencia de la ascensión del agua a través de la estructura porosa del material. La principal causa es el arranque de los muros desde el suelo, estando en contacto directo con el terreno sin que exista capa drenante (encachado de grava) o lámina impermeable.

Pared con humedad

11.2. Humedad por filtración

El agua penetra a través de la cubierta (goteras) o a través de la fachada (manchas de humedad).

Manchas de humedad

Hay varias zonas donde se puede dar humedad de filtración:

- **Cubiertas planas:** en la mayoría de los casos, la humedad aparece por la rotura de la lámina impermeable o el despegue del borde de la cubierta. Uno de los puntos débiles es la junta de dilatación.
- **Cubiertas inclinadas:** la humedad suele aparecer porque se da un insuficiente vuelo en el alero o por la falta de solape entre tejas.
- **Fachadas:** la humedad suele introducirse por las grietas existentes en el cerramiento, por la falta de un adecuado remate superior (albardillas poco impermeables o con escaso vuelo) o por la acumulación de agua en relieves de la fachada (molduras, balcones, etc.).

11.3. Grietas y fisuras

Las grietas son aberturas incontroladas que afectan a la totalidad del espesor de la fábrica, mientras que las fisuras afectan solamente a la superficie de cerramiento. Tanto unas como otras son frecuentes en fábricas poco resistentes a los esfuerzos de tracción.

Valoración de las grietas

Entre las causas más frecuentes de la aparición de grietas y fisuras destacan:

a. **Flechas de vigas y forjados:** son producidas por una excesiva deformación de la estructura soporte. Afecta tanto al cerramiento al que sirve de apoyo, fallo de asiento que se traduce en grieta en forma de arco de descarga, como al cerramiento situado debajo, empuje vertical que se traduce en grietas verticales u horizontales según el empuje esté centrado o en un extremo.

b. **Cambios térmicos:** los cambios de temperatura afectan a los cerramientos de fachada. Las dilataciones y contracciones son básicamente horizontales ya que las verticales son contrarrestadas por el propio peso de la construcción. Como consecuencia de los esfuerzos horizontales de tracción, las grietas son, en la mayoría de las ocasiones, verticales. Se localizan según la longitud de la fachada en los encuentros con la estructura, con otros cerramientos o en zonas intermedias.

c. **Dilatación o pandeo de la estructura:** son deformaciones horizontales de la estructura que provocan grietas verticales alrededor de los pilares o grietas horizontales en el borde del forjado que empuja.

 Recuerde

La humedad en las cubiertas planas aparece por la rotura de la lámina impermeable o el despegue del borde de la cubierta.

Una de las causas de la aparición de grietas y fisuras en las fábricas de hormigón son los cambios de temperatura.

11.4. Eflorescencias

Básicamente, son sales concentradas en la superficie de las fábricas. Estas sales provienen de los materiales que constituyen la fábrica, diluyéndose en el agua que atraviesa el muro que, al evaporarse en la superficie exterior, se depositan.

Eflorescencia en la superficie

 **Nota**

Las eflorescencias son mucho más habituales en las fábricas de bloques de ladrillos que en las de bloques de hormigón.

11.5. Oxidación y corrosión

La oxidación en una obra de construcción aparece cuando un elemento metálico sufre una transformación al reaccionar con el oxígeno.

La corrosión también es un proceso químico, pero más grave para la construcción, ya que el elemento metálico pierde masa. Para que se produzca corrosión también tiene que haber un fluido conductor, generalmente agua.

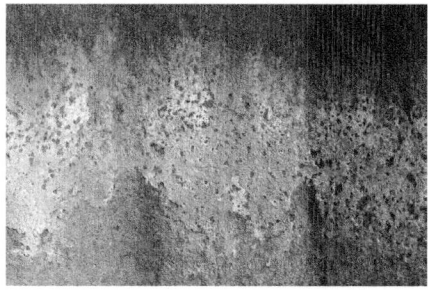

Oxidación y corrosión en la superficie

Aplicación práctica

En la anterior obra en la que hemos trabajado han aparecido manchas de humedad, incluso goteras. La dirección de la obra ha llegado a la conclusión de que el agua se está filtrando. Además de solucionar el problema, ¿qué aspectos habrá que tener en cuenta para que no vuelva a ocurrir?

SOLUCIÓN

I En la cubierta plana, hay que prevenir que se rompa la lámina impermeable, además de asegurar el borde de la cubierta. También hay que prestar especial atención a la junta de dilatación.
I En las cubiertas inclinadas, hay que dar el idóneo vuelo al alero, además del suficiente solape entre tejas.
I En las fachadas, los remates deben efectuarse adecuadamente (albardillas permeables y con suficiente vuelo). Otro problema a prevenir es la acumulación de agua en los relieves de la fachada (molduras, balcones, etc.).

12. Puesta en práctica de las medidas preventivas planificadas para ejecutar los trabajos, de fábricas de bloques para revestir, en condiciones de seguridad

Ya se comentó en el apartado anterior que los trabajadores tienen que cumplir una serie de obligaciones en materia preventiva; solo de esta manera pondrán en práctica las medidas de seguridad que han sido planificadas con anterioridad, ya sea en planes de prevención, estudios de seguridad, etc.

La gestión de los riesgos derivados del levantamiento de fábricas de bloques tiene que ser una realidad para evitar estos riesgos, los cuales pueden afectar a la seguridad y salud de los trabajadores.

 **Importante**

Toda empresa está obligada a tomar las medidas oportunas para eliminar, o al menos disminuir, los riesgos, pero los trabajadores también tienen que cumplir sus obligaciones.

En este sentido, está claro que todo trabajador debe ser el que vele por su seguridad y salud; además, si su actividad puede afectar a otras personas también velará por la seguridad y salud de estas.

Los trabajadores tienen que ser formados para que sepan poner en práctica las medidas preventivas planificadas y trabajar con seguridad al realizar las tareas. De esta manera, sabrán que sus obligaciones ayudarán totalmente para preservar la seguridad:

- Usar correctamente las máquinas, equipos, herramientas, productos, etc.
- Utilizar adecuadamente todos aquellos equipos y medios, adquiridos por la empresa, para su protección.
- Jamás poner fuera de funcionamiento los dispositivos de seguridad.
- Utilizar correctamente los dispositivos de seguridad.
- Si hay una situación que genera riesgo, informar rápidamente de ello a un superior jerárquico. Además, dado el caso, también se informará al servicio de prevención y a los trabajadores designados para realizar las correctas actividades de prevención y protección.
- Colaborar con el empresario para que las condiciones de trabajo sean lo más seguras posibles.
- Ayudar para que se cumplan aquellas obligaciones que haya establecido la autoridad competente.

13. Resumen

Como es lógico, las fábricas de bloque hay que realizarlas correctamente. Antes de comenzar el levantamiento hay que asegurarse que la superficie se encuentre nivelada y limpia. También hay que tener en cuenta las condiciones meteorológicas, colocar las miras perfectamente aplomadas, seguir el hilo de referencia, rellenar los huecos, comprobar la horizontalidad de las hiladas, la verticalidad del muro y realizar un óptimo llagueado. Además, surge la necesidad de realizar un replanteo previo al levantamiento.

Importante es comprobar el material que llega a la obra. En este sentido, los bloques deben verificarse que son los que se han pedido, ver que han llegado correctamente paletizados para evitar posibles roturas y además asegurar una rápida y adecuada descarga. Tras realizar ensayos de control y comprobar su idoneidad, los palés se acopiarán en los lugares indicados, lugares que deben ser seguros para los trabajadores y en los cuales los bloques no puedan coger humedad.

Respecto a la humectación de los bloques de hormigón, al contrario que los ladrillos, estos no deben ser mojados ni antes ni durante su colocación. Sin embargo, hay ocasiones, como obras en climas muy secos, en las que se aconsejan humedecer la superficie de asiento, pero teniendo cuidado en no mojar en exceso el resto del bloque.

Es útil saber que hay una serie de piezas especiales, que lo son gracias a su utilidad a la hora de levantar una fábrica compuesta por bloques; estas piezas son zuncho y dintel, de esquina en L, pilastras, plaquetas, etc.

De gran importancia también es realizar óptimamente los trabajos relacionados con el encuentro de la fábrica de bloques con zonas especiales de la obra. En estas zonas especiales (puntos singulares) suelen darse las tensiones.

Por otro lado, no hay que olvidar la necesidad de verificar los trabajos para asegurar que la obra se ha ejecutado correctamente, y así evitar sorpresas desagradables.

Por último, es importante saber que hay edificios que presentan problemas e imperfecciones debidas, en muchos casos, a defectos de ejecución. Grietas, fisuras, humedad, etc., deben evitarse mediante una serie de medidas como seguir a rajatabla el proyecto de obra, formar a los trabajadores y trabajar sin prisas.

Ejercicios de repaso y autoevaluación

1. Respecto al viento, ¿cuándo se suspenderán los trabajos?

2. ¿A quién hay que comunicar cualquier anomalía que se advierta en los bloques?

3. En el replanteo vertical, ¿cuál será la referencia de nivel?

4. ¿En qué momento se humedecerán los bloques cerámicos?

5. ¿Qué espesor debe poseer la junta de mortero para bloques?

6. ¿Qué característica poseen las piezas universales?

7. ¿Qué hay que hacer si se prevé que puede helar en las horas siguientes a la ejecución de una fábrica?

_____

_____

8. Cuando el encuentro del muro se produce por la cara inferior del forjado, ¿por dónde es recomendable comenzar el cerramiento?

_____

_____

9. ¿Qué valor de desplome se considera inadmisible por planta?

_____

_____

10. ¿Cuál es la principal causa de la humedad capilar?

_____

_____

Bibliografía

Monografías

▌ADELL Argilés, J.M.: *La fábrica armada.* Madrid: Munilla-Lería, 2000.

▌COLLADO Trabanco, P.: *Control de ejecución de tabiquerías y cerramientos.* Valladolid: Lex Nova, 2005.

▌JIMÉNEZ Lorca, L.: *Técnica de la construcción con ladrillo.* Barcelona: Grupo Editorial CEAC, 2005.

Legislación

▌Real Decreto 314/2006, de 17 de marzo, por el que se aprueba el Código Técnico de la Edificación.

▌Real Decreto 470/2021, de 27 de junio, por el que se aprueba el Código Estructural.